U0364663

中国大科学装置出版工程

VIEWING THE PLANET FROM SKY

THE NATIONAL LARGE RESEARCH INFRA-STRUCTURES FOR EARTH OBSERVATION

从天空看地球

对地观测大装置

张兵 主编

浙江出版联合集团
浙江教育出版社·杭州

本书编委会

主　　编： 张　兵

副 主 编： 黄铭瑞　李　儒　厉　为　王小梅

编写人员：（以姓氏笔画为序）

王心源　王晓巍　牛振国　左正立

冯旭祥　冯钟葵　刘士彬　刘传胜

刘良云　李　安　李国庆　李　震

杨　军　吴业炜　何国金　张洪群

陈　方　陈正超　陈良富　陈　凯

房成法　赵　旦　柳钦火　郭丽丽

唐　娉　黄　鹏　曹春香　彭　玲

程天海　程　军　魏永明

总　序

新一轮科技革命正蓬勃兴起，能否洞察科技发展的未来趋势，能否把握科技创新带来的发展机遇，将直接影响国家的兴衰。21世纪，中国面对重大发展机遇，正处在实施创新驱动发展战略、建设创新型国家、全面建成小康社会的关键时期和攻坚阶段。

科技创新、科学普及是实现国家创新发展的两翼，科学普及关乎大众的科技文化素养和经济社会发展，科学普及对创新驱动发展战略具有重大实践意义。当代科学普及更加重视公众的体验性参与。“公众”包括各方面社会群体，除科研机构和部门外，政府和企业中的决策及管理者、媒体工作者、各类创业者、科技成果用户等都在其中，任何一个群体的科学素质相对落后，都将成为创新驱动发展的“短板”。补齐“短板”，对于提升人力资源质量，推动“大众创业、万众创新”，助力创新型国家建设和全面建成小康社会，具有重要的战略意义。

科技工作者是科学技术知识的主要创造者，肩负着科学普及的使命与责任。作为国家战略科技力量，中国科学院始终把科学普及当作自己的重要使命，将其置于与科技创新同等重要的位置，并作为“率先行动”计划的重要举措。中国科学院拥有丰富的高端科技资源，包括以院士为代表的高水平专家队伍，以大科学工程为代表的高水平科研设施和成果，以国家科研科普基地为代表的高水平科普基地等。依托这些资源，中国科学院组织实施“高端科研资源科普化”计划，通过将科研资源转化为科普设施、科普产品、科普人才，普惠亿万公众。同时，中国科学院启动了“科学与中国”科学教育计划，力图将“高端科研资源科普化”的成果有效地服务于面向公众的科学教育，更有效地促进科教融合。

科学普及既要求传播科学知识、科学方法和科学精神，提高全民科学素养，又要求营造科学文化，让科技创新引领社会持续健康发展。基于此，中国科学院联合浙江教育出版社启动了中国科学院“科学文化工程”——以中国科学院研究成果与专家团队为依托，以全面提升中国公民科学文化素养、服务科教兴国战略为目标的大型科学文化传播工程。按照受众不同，该工程分为“青少年科学教育”与“公民科学素养”两大系列，分别面向青少年群体和广大社会公众。

“青少年科学教育”系列，旨在以前沿科学研究成果为基础，打造代表国家水平、服务我国青少年科学教育的系列出版物，激发青少年学习科学的兴趣，帮助青少年了解基本的科研方法，引导青少年形成理性的科学思维。

“公民科学素养”系列，旨在帮助公民理解基本科学观点、理解科学方法、理解科学的社会意义，鼓励公民积极参与科学事务，从而不断提高公民自觉运用科学指导生产和生活的能力，进而促进效率提升与社会和谐。未来一段时间内，中国科学院“科学文化工程”各系列图书将陆续面世。希望这些图书能够获得广大读者的接纳和认可，也希望通过中国科学院广大科技工作者的通力协作，使更多钱学森、华罗庚、陈景润、蒋筑英式的“科学偶像”为公众所熟悉，使求真精神、理性思维和科学道德得以充分弘扬，使科技工作者敢于探索、勇于创新的精神薪火永传。

中国科学院院长、党组书记 白春礼

2016年7月17日

前　言

遥感技术具有实时、快速、周期性观测、覆盖范围广、信息客观真实等特点，在国民经济建设、社会发展和国防安全等诸多领域起着重要的作用。近年来，随着科学技术的不断发展和应用领域的不断拓宽，遥感已经深入人类生活的方方面面。可以说，遥感技术正在改变整个世界和每一个人的生活。

遥感借助航天或航空平台开展对地观测。遥感卫星是对地观测的航天平台，在空中获取地球表面数据并传送到地面，地面数据接收装置是完成这一任务的重要环节。1986年，中国建成了自己的遥感卫星数据接收站——中国遥感卫星地面站，标志着我国具备了陆地遥感卫星数据接收能力。此后，我国自行研制和发射的资源卫星、环境卫星、高分卫星及近年来的空间科学卫星等的数据都由其接收。目前地面站已具备“1网5站21天线”的接收能力，年接收卫星任务时长超过30万分钟，数据接收成功率99%以上，能力居世界前列，是对地观测领域的国家核心基础设施，也是重大科学装置。

遥感飞机是对地观测的航空平台，除了肩负航空对地观测数据获取的任务外，还是开展遥感科学研究与设备研制的重要试验平台。1985年，中国科学院引进了两架遥感飞机，建立起中国第一套高空、高性能遥感飞机系统。依托这套系统，我国科研人员开展了大量的遥感技术试验，完成了多项遥感技术攻关，自主研制了大批遥感成像设备，是我国对地观测领域另一重大科学装置。

两大科学装置的建成及30余年的稳定运行与发展，在我国资源调查、环境监测、抢险救灾、科学研究等众多领域发挥了重要作用，国家也培养了大量的遥感科研与应用人才。它们在我国遥感技术发展的历程中，功勋卓著。

本书系统介绍了这两大科学装置的建设、发展和应用过程，包括中国遥感卫星地面站的工作原理和主要应用、中国科学院航空遥感飞机系统的发展历程和主要应用。同时，为了让公众更好地了解遥感技术，也用深入浅出的语言阐述了遥感技术的概念和发展脉络以及未来发展方向。全书结构合理，资料翔实，行文严谨，内容通俗易懂，知识性与趣味性兼备。

看似简单的一本科普读物，凝聚了作者大量的心血。作者查阅了大量的历史资料，客观简洁地向读者介绍了中国遥感的发展历史；使用生动活泼的语言，向读者形象地阐述了遥感概念和技术脉络；作者来自不同的科研部门，结合自身工作实践，遴选了大量特色鲜明的遥感应用案例，既科学讲解了两大科学装置的组成，也通过对两大科学装置重要应用的介绍，让读者对遥感知识具有感性认识。

全书图文并茂，大量使用了不同历史时期的珍贵图片和遥感影像资料，其中很多是首次对外公布。希望通过本书的问世，能够吸引更多的读者深入了解并应用遥感；能够吸引热爱科学研究的青少年积极加入遥感队伍，投身遥感事业。更多的人投身遥感研究，可推动遥感技术与应用向更深层次、更高水平发展，开发更丰富的遥感产品，提供更多样化的遥感服务，让遥感技术更有效地服务国计民生，这也正是本书的主旨所在。

在编写过程中，浙江教育出版社的编辑和本所科普志愿者提出了许多宝贵意见，付出了辛勤的劳动。感谢他们在本书的策划、编写、审核、定稿过程中付出的努力。

作为遥感事业的践行者，我们欣慰地看到，随着遥感卫星技术的进步，凭借高空间分辨率、高光谱分辨率、高时间分辨率特征，遥感技术将迎来更广阔的应用领域、发挥更显著的多重作用。回望历史，我们看到了几代人的不懈努力，尤其是老一辈科学家在当年物资匮乏、条件艰苦、国外技术封锁的情况下，栉风沐雨、披荆斩棘、奋发图强，走出了中国遥感的技术崛起之路。“不忘初心，方能始终”，迎着大数据和人工智能时代带来的诸多挑战与机遇，我们每一位遥感人，更要凝心聚力、攻坚克难、砥砺前行，在世界遥感前沿领域努力耕耘，让中国遥感发展得更快、更高、更强！

2018年12月

目录 CONTENTS

第三部分 航空遥感飞机

第一部分

遥感知天下

第一章 遥远感知 洞悉天下

遥感（Remote Sensing），顾名思义就是“遥远地感知”，通常是指在航天或航空平台上对地球系统进行特定电磁波谱段的成像观测，它是一门跨学科、跨领域的新兴综合科学与技术。通过遥感，人类能够实现对地球大面积的宏观观测和重复观测，获得的数据能够客观地反映观测目标的状态。人们通过遥感图像，就能知道某地出现违章建筑，某条河的水质变好，某个城市的绿化面积变化以及某个产粮区的粮食增产或者减产……遥感技术实现了古人期盼的认识世界的最高境界：足不出户，遍知天下。

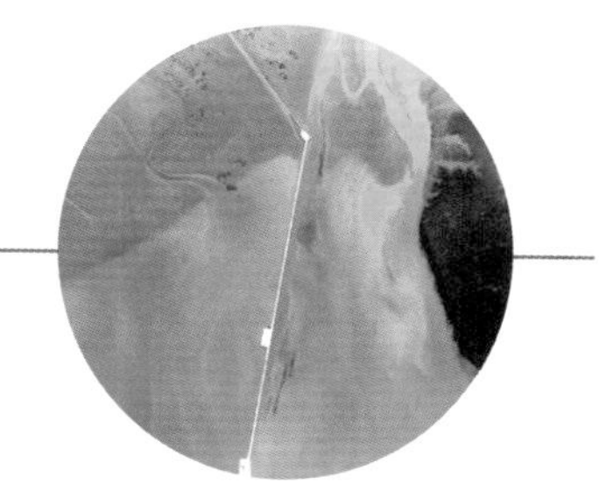

2010年，“奖状”遥感飞机获取的黄河入海口航空影像。

1 认识世界的得力助手

遥感技术不用接触目标就能感知地物的特性，比《西游记》中孙悟空的悬丝诊脉技术还要高超。广义的遥测技术泛指一切无接触的远距离探测，包括电磁场、力场、机械波（声波、地震波）等的探测。在现实应用中，基于重力、电磁力、声波、地震波等的探测都被归为物理探测的范畴。遥感指对目标进行特定电磁波谱段的成像观测，进而获取被观测对象的电磁波和图像信息。

随着遥感技术的不断提升，利用遥感技术将地球作为整体进行观测研究的系统，通常称为对地观测系统。

遥感器接收的能量来源可以是太阳光照射到地面后再由地表反射回天空的光能，也可以是来自遥感器本身发射到地表的电磁波，因此，太阳是遥感非常重要的一个能量源。遥感技术通常由遥感

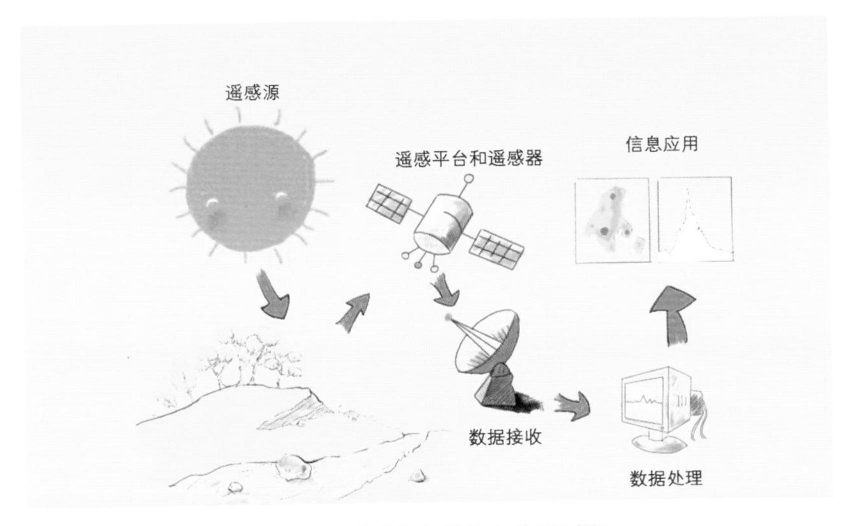

图1-1 遥感信息获取与处理过程

器、遥感平台、信息传输设备、数据存储装置以及数据处理与分析设备等组成。数码相机就是一个广义的遥感系统：遥感器是相机，遥感平台是拿相机的人，信息传输设备是数据线，数据存储装置是相机的存储卡，我们使用照片就是数据处理与分析的过程。当然，一个真正的遥感系统远比这复杂得多，需要借用卫星或者航天飞机（航天遥感），飞机、飞艇或者气球（航空遥感），以及近地表汽车和塔吊等（地面遥感）作为遥感平台，搭载各类特定功能的遥感器，探测和接收物体的反射波谱或发射波谱（图1-2）。遥感器将这些电磁波按照一定的规律转换为数字信号，数字信号被接收记录后，经过一系列复杂的成像与定标处理，科研人员就可以从中提取能够反映地表结构以及物理、化学属性的有用信息，提供给不同的用户使用。当然，这些都是在数字成像技术发展之后形成的，在这之前是另外一种基于胶片的摄影过程：相机曝光—胶片感光—地面胶片冲洗—通过分析拍摄到的景物，开展专题应用。

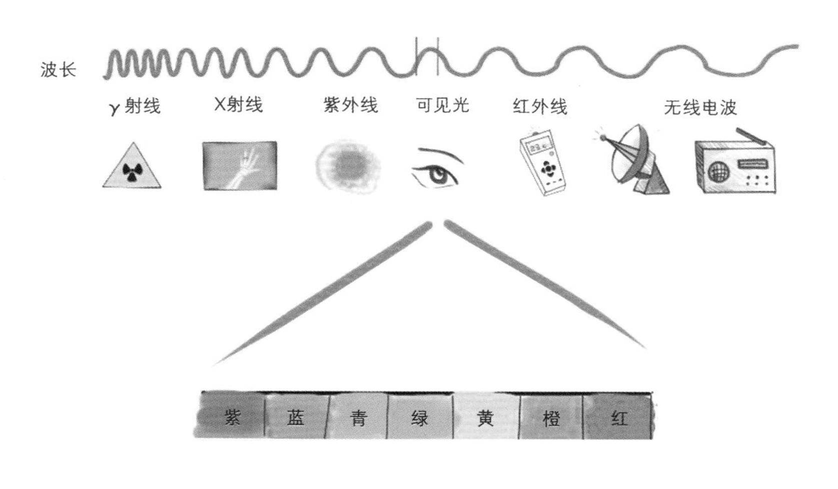

图1-2 电磁波谱

对地球进行遥感观测时，由于大气对电磁波的吸收、散射作用，遥感并不能完整地利用全部电磁波段。不同的电磁波段通过大气后衰减的程度不同，那些衰减很小、透过率很高的电磁波段，通常称为“大气窗口”。遥感就是充分利用“大气窗口”实现对地观测的，可以利用的遥感“大气窗口”主要有：近紫外、可见光和近红外波段（0.3～1.3微米、1.5～1.9微米），中红外波段（3.5～5.5微米），热红外波段（8～14微米），微波波段（0.03～1米）。

遥感脱胎于航空摄影，在飞机问世前，法国人纳达尔乘坐热气球从空中拍摄了巴黎市貌，一般认为这是航空摄影的开始，也是遥感技术的雏形。1957年10月4日，苏联发射了第一颗人造地球卫星，人类进入航天卫星时代，之后迅速发展出以数字化成像为特征的现代遥感，并逐步实现了利用全电磁波谱段开展目标探测的科学研究与技术应用。1962年，在美国密歇根大学召开的国际环境遥感大会（International Symposium on Remote Sensing of Environment）上，“Remote Sensing”一词正式被国际学术界接纳。此后，在世界范围内，遥感作为一门新兴的独立学科飞速发展。1972年，美国陆地卫星的成功发射，标志着人类正式进入航天遥感时代。

经过几十年的发展，现代遥感技术已经进入新的历史时期，它不但可以被动接收地物反射的自然光和地物发射的长波红外光，还可以利用合成孔径雷达和激光雷达主动发射电磁波，实现全天候、全天时的对地观测。遥感技术已经在国土、地矿、环境、农林、水利、气象、海洋等多个专业领域得到广泛应用，粮食生产、水资源与水环境监测、区域经济协同发展等热点问题，乃至与人们日常生活息息相关的空气质量监测、导航地图制作等，也都离不开遥感。遥感技术已经是诸多科学研究和工程应用的基础工具之一，也与人们的日常生活紧密相连。

2 中国遥感的诞生与发展

中国遥感在20世纪70年代萌芽与初创后，经过几代人的奋发图强与联合攻关，步入了全面发展的新时代。

（1）从萌芽到初创

我国现代遥感是在原有薄弱的航空摄影基础上发展起来的。20世纪50年代，竺可桢、黄秉维等老一辈科学家极为重视地理科学研究，在他们的推动下，中国科学院地理所建立的航空判读、地图自动化实验室成为我国最早开展遥感研究与应用的机构。1958年，我国地理学家明确提出“航空判读综合利用”新方法，通过充分挖掘航空像片所蕴含的地学、资源、环境等多方面的科学信息，指导地理科学研究和工程应用，这意味着我国传统地理学研究开始更多地使用航空摄影技术，也标志着我国现代遥感的萌芽。在当年极其艰苦的条件下，我国科学家与工程师利用国内有限的航空摄影力量，先后开展了高山冰川地面立体测量、锦屏水电站地区新构造运动形迹调查、海河流域中下游河道演变研究、唐山地震区热红外航空遥感试验等科学活动。虽然在现在看来，这些科学活动都不算什么大事，但在当年信息闭塞、技术封锁、物资匮乏和百废待兴的条件下，每一件都是令国人振奋的大事。

中华人民共和国成立后的一段时间，虽然我国还没有自己的遥感卫星，但科学家仍然克服重重困难，从1960年起，针对气象卫星开展探索性应用研究，如“太阳直接辐射、散射辐射和太阳总辐射的关系”的研究，为气象卫星的应用做了充分的业务准备。1966年，美国第一代极轨业务气象卫星ESSA-1投入运行，获取了全球云图，并实现了自动图像传输。收到这一消息后，我国科学家立刻展开行动，独立自主，艰苦努力，终于在1970年5月成功实现了对美国气象卫星云图的接收，并使用气象卫星数据开展地学研究。

1972年，美国发射ERTS-1（后更名为Landsat-1）地球资源技术卫星。相对于ESSA-1气象卫星数据4000米的空间分辨率，ERTS-1卫星数据的空间分辨率达到79米，数据性能大幅提升，应用领域迅速扩展，无论对科学研究还是国民经济建设都具有重大意义。得知信息后，中科院成立了调研组，就地球资源卫星研究开展调研。1974年，中科院科研人员利用购买的覆盖全国的陆地卫星像片，编制了《中国影像——陆地卫星影像略图》，这是我国第一幅覆盖全国的卫星影像图。此外，还开展了西藏高原湖泊卫星遥感调查。这一年，“Remote Sensing”被中国科学家翻译为“遥感”，距1962年第一届国际环境遥感大会上“Remote Sensing”一词问世已过去了12年。

1975年11月26日，我国首次成功发射了返回式遥感卫星，它和地球资源卫星的性质相似，可以回收。这是中国卫星遥感研究的重大突破。

（2）奋发图强 联合攻关

1978年3月全国科学大会召开期间，有关部门组建了专家组，拟定了遥感技术发展框架，明确在发展国产遥感卫星前，首先积极开展遥感应用工作。中国遥感事业迎来了大发展的时期，一批中国遥感历史上的“首次”和“第一”诞生，其中，4个标志性的事件值得纪念：遥感试验“三大战役”、中国科学院遥感应用研究所成立、中国遥感卫星地面站正式落成、遥感飞机建成。

1978年，国务院、中央军委审批决定，由中科院与云南省委负责组织16个部委、68个单位、7000多名科技人员，在腾冲地区开展我国第一次大规模航空遥感试验应用示范工程。持续3年的腾冲遥感试验，取得喜人成绩，并培养了一大批科技骨干人才，因此，这次试验也被誉为“中国遥感的摇篮”。1979—1981年，我国又组织开展了天津—渤海湾环境遥感试验，这是我国首次以城市和近海环境为背景的遥感综合性试验，开创了中国城市遥感的先河。1980年，我国组织开展了二滩水能开发遥感试验，这是我国首次将遥感和地理信息系统技术结合应用于大型能源工程的科学试验。这3项试验扩大了现代遥感技术在我国的影响力，对我国遥感事业人才培养、学科建设、技术进步、学术交流、开拓应用等方面产生了深远的影响，被誉为中国遥感试验“三大战役”。

1979年，中国科学院遥感应用研究所（中国科学院遥感与数字地球研究所前身）成立，正式开启我国遥感事业的大发展之路。研究所分别在热红外、高光谱和雷达遥感基础理论研究方面取得了大批原创性成果，并在农业估产、遥感找矿、环境和灾害监测等领域取得多个中国“首次”和“第一”。

虽然我国于1970年就成功接收了美国气象卫星数据，但尚不能接收陆地资源卫星数据，因此遥感技术研究与应用仍然受制于人，迫切需要拥有自己的遥感卫星数据接收站。1979年，我国与美国签订引进遥感卫星地面站协议。1986年，中国遥感卫星地面站正式落成，我国从此具备了陆地遥感卫星数据接收能力。此后，我国自行研制和发射的对地观测卫星、空间科学试验卫星等数据都由该地面站负责接收，该地面站也成为国家重大科学装置之一。

中国科学院还从美国引进了两架“奖状”遥感飞机，建立我国第一套高空、高性能航空遥感系统。依托这套系统，我国开展了多种类型的遥感技术研究与工程应用试验，自主研制了一大批遥感成像设备，填补了国内空白；完成许多项遥感技术攻关，突破了国外在此方面的技术限制与封锁。“奖状”遥感飞机也成为我国遥感领域的又一国家重大科学装置，被誉为我国遥感事业的功勋飞机。

知识链接

我国遥感卫星研制的重要突破 继1975年首颗返回式遥感卫星成功发射，到1992年，我国又陆续成功发射了12颗此类卫星，初步解决了国家资源调查急需卫星遥感信息源的问题。1988年，我国第一颗极轨气象卫星“风云一号”（FY-1）成功发射；1997年，地球同步轨道气象卫星“风云二号”（FY-2）成功发射，为我国气象预报提供了国产气象卫星数据保障。1999年，我国第一颗地球资源卫星（CBERS-01）成功发射，填补了我国传输型地球资源卫星遥感数据的空白。2002年，我国第一颗海洋卫星“海洋一号A”发射成功，实现了我国第一颗海洋观测试验型业务卫星的预定目标，使我国有能力对所管辖的近300万平方千米海域的水色环境实施大面积、实时和动态监测。2008年，我国专门用于环境与灾害监测预报的环境遥感卫星HJ1-A、HJ1-B一箭双星发射成功，这两颗卫星为生态环境和灾害发展变化趋势预测，以及灾情快速评估、救援、灾后重建等工作提供了科学依据。上述事件标志着我国遥感走向了全面、快速发展的新时代。

（3）全面发展，成为遥感大国

经过了前面两个阶段的发展，我国遥感在技术、设备、能力、应用各方面都取得了巨大的进步，遥感已经上升为国家战略性的空间信息科技之一，成为国家重大基础设施的重要组成部分。

2010年5月，高分辨率对地观测系统重大专项（以下简称“高分重大专项”）正式启动。高分重大专项将系统性地发展基于天基、临近空间与航空观测的高分辨率先进对地观测系统，并与其他观测手段结合，包括可见光、红外、微波、激光等遥感手段，构建具有高空间分辨率、高光谱分辨率、高时间分辨率、高精度特点的对地观测系统，形成全天候、全天时、全球覆盖的对地观测能力。

图1-3　高分辨率对地观测系统重大专项

图1－3～1－6来源于《中国高分辨率对地观测系统重大专项建设进展》。

截至2017年12月，高分重大专项已经陆续成功发射并运行了高分一、二、三、四号卫星，每颗卫星都特色鲜明。

高分一号卫星是高分重大专项的首发星，于2013年4月26日成功发射。这颗卫星突破了中高空间分辨率、多光谱与宽覆盖相结合的光学遥感关键技术。它配置了2台空间分辨率为全色2米、多光谱8米的相机，幅宽（幅宽是指卫星轨道方向上图像的地面覆盖宽度）优于70千米，而另外4台多光谱相机空间分辨率16米，数据组合幅宽优于800千米，大幅提高了观测效率，为国际同类卫星观测幅宽的最高水平。

图1-4 高分一号卫星

图1-5 高分二号卫星

高分二号卫星于2014年8月19日成功发射，是中国自主研制的首颗亚米级民用光学遥感卫星，全色波段实际空间分辨率达0.8米，多光谱达3.2米。高分一号、二号卫星的数据由于高空间分辨率和良好的数据质量，已经广泛应用于矿产资源调查、土地利用动态监测、地质灾害监测、生态环境监测、农作物长势监测、风景名胜区管理、城乡建设管理、道路基础设施监测、水资源和林业资源调查等领域。

图1-6 高分四号卫星

图1-7 高分三号卫星

高分四号卫星于2015年12月29日成功发射，是中国首颗、目前世界上分辨率最高的地球同步轨道高分辨率对地观测卫星，空间分辨率达50米，配置了分辨率优于50米的全色/多光谱相机，其数据单景成像幅宽优于500千米；此外还配置了分辨率优于400米的中波红外相机，单景成像幅宽优于400千米。它的数据质量可满足水体、堰塞湖、云系、林地、森林火点、气溶胶厚度等识别与变化信息提取应用的要求，是防灾减灾的太空利器。

高分三号卫星于2016年8月10日成功发射升空，是中国首颗分辨率达到1米的C频段多极化合成孔径雷达成像卫星。它有12种工作模式，是世界上工作模式最多的同类卫星。它能够获取全球大洋和近海的高分辨率风、浪监测数据，是海洋研究的重要数据源；它已经被纳入国家防灾减灾救灾业务体系，成为洪涝、滑坡、泥石流、地震、干旱、雪灾、冰凌、海冰、火灾及次生灾害的遥感减灾救灾的重要数据源之一；它也是水利、气象以及国土资源等领域重要的新型数据源之一。

知识链接

《国家民用空间基础设施中长期发展规划（2015—2025年）》 2015年10月，国家发布了《国家民用空间基础设施中长期发展规划（2015—2025年）》，卫星遥感与卫星通信、卫星导航并列成为国家空间基础设施大体系的三大重要组成部分。该发展规划提出：“中国遥感卫星将按照一星多用、多星组网、多网协同的发展思路，根据观测任务的技术特征和用户需求特征，重点发展陆地观测、海洋观测、大气观测三个系列，构建由7个星座及3类专题卫星组成的遥感卫星系统，逐步形成高、中、低空间分辨率合理配置的多种观测技术优化组合的综合高效全球观测和数据获取能力，并统筹建设遥感卫星接收站网、数据中心、共享网络平台和共性应用支撑平台，形成卫星遥感数据全球接收与全球服务能力。”

国际地球观测组织 2005年，中国作为创始国之一，加入地球观测领域最大和最权威的政府间国际组织——国际地球观测组织（Group on Earth Observation，GEO）。目前，我国正在积极推进2030中国综合地球观测系统发展（2016—2030年），力求统筹国内外资源，建立面向全球的对地观测系统，促进需求增长与资源分配，积极投身国际对地观测领域合作与成果的共享，“到2030年，实现全球综合观测的高动态、一致性、全链条能力建设”，以应对全球和区域挑战、推进全球和区域可持续发展。

3 遥感技术发展展望

应用需求是遥感科技不断发展的驱动力，未来的遥感卫星系统将围绕精准化、便捷化、大众化的要求向智能化方向转变。

经过多年的发展，太空中的遥感卫星数量激增，人类迎来遥感数据“爆炸”的时代。但是，当前的遥感卫星都是通过综合平衡多种要素以设置固定的成像参数，卫星一旦发射和投入使用，就只能在有限的范围内调整成像参数，这种调整往往不能满足用户的多样化应用需求。海量遥感数据也给卫星下行数据传输和后续处理工作带来了巨大压力。现有遥感卫星任务链主要由地面任务规划、遥感数据星上存储、星地数传和地面接收处理等环节组成，信息获取链条长，严重影响了遥感卫星的使用时效。

智能遥感卫星系统可以解决这个问题，实现在星上成像参数自动优化、星上数据智能化快速处理和信息实时下传。相比于传统卫星，智能遥感卫星系统主要包括两方面核心关键技术：一是遥感成像参数自适应调节技术，可以根据不同应用需要进行遥感器成像模式的自适应优化；二是星上数据实时处理与信息快速生

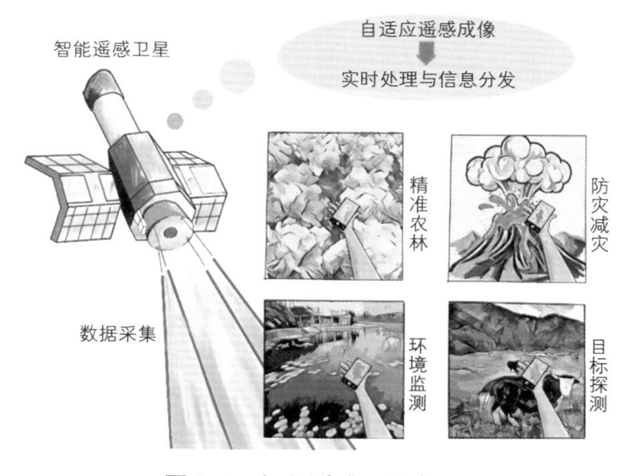

图1-8 智能遥感卫星应用

成技术，可以实现遥感数据的边获取边处理以及卫星直接快速分发信息给终端用户。智能遥感卫星系统不但具有差异性数据的获取功能，而且具备智能化的信息处理能力；不但能够按需获取有针对性的高质量数据，而且能够在数据采集的同时实时生产信息，便捷地服务于普通大众用户。可以想象，将来人们可以像使用卫星导航一样随时用手机接收智能遥感卫星下传的高个性化、高时效性的信息，从而大大推进遥感技术的大众化和商业化发展。

在传统航空航天遥感技术持续进步的同时，无人机技术和传感器小型化技术不断取得新的突破。无人机遥感以其灵活机动的数据获取方式，呈现井喷式发展。无人机具有机动灵活的数据采集能力、空域限制相对少、飞行成本低、可扩展性大和云下高分辨率成像等突出特点，正在成为未来遥感产业化发展的重要驱动力之一。无人机系统可以挂装几乎所有种类小型化后的主动和被动遥感载荷，可获取全色、彩色、近红外以及倾斜影像数据。无人机遥感在科学试验、测绘制图、减灾应急、精准农业、森林病虫害监测、环境监测评估等领域具有重要的应用前景。展望未来，无人机群的协同应用、机上数据的实时云端处理、物联网的融入等都将使无人机遥感迎来更大的发展。

第二章 八仙过海 各显神通

按使用的电磁波波段，遥感可以分为光学遥感、微波遥感、红外遥感；按成像过程，遥感可以分为被动遥感、主动遥感等。随着应用的多样化和其他新技术的加入，这些分类方法逐渐淡化。不论哪一种遥感技术，都有着独特的“神通”，灵活熟练地利用这些“神通”，就能够从不同方面帮助科研人员迅速认识观测对象，掌握它的分布规律、属性特征等。

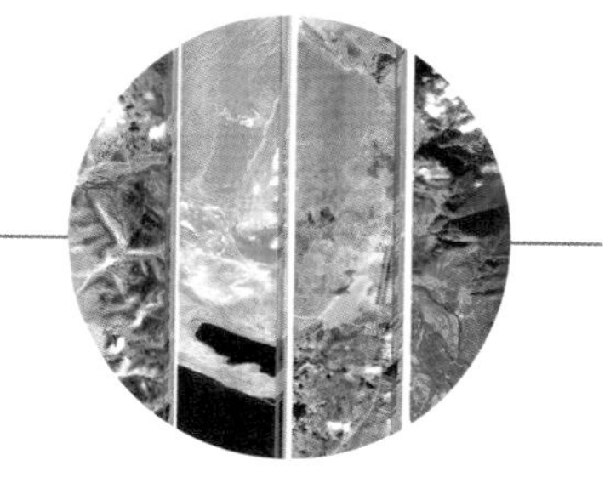

2011年，“奖状”遥感飞机获取的西藏地区高光谱遥感影像。

1 慧眼识天下的光学遥感

光学遥感是指遥感器工作波段限于可见光波段范围（通常是0.38～0.76微米）内的遥感技术。按照其影像数据包含的波段数量，光学遥感数据可以分为全色影像、多光谱影像和高光谱影像。

全色影像是遥感器获取的全部电磁波辐射都集中在一个波段上的灰度图像。

多光谱影像则是把遥感器获取的电磁波辐射按照一定的波长范围分成若干段，每一段称为一个波段，每个波段的电磁波辐射分别集中在对应的一幅灰度图像上，代表目标对这个波段范围的电磁波辐射特性。将这些不同的灰度图像合成在一起就成为一幅多光谱影像。简单讲，通常的彩色数码照片就是由红、绿、蓝3个波段合成的多光谱影像。

电磁波波段继续细分到一定程度就成为高光谱影像了。

进入21世纪，光学遥感技术呈现出高空间分辨率、高光谱分辨率、高时间分辨率的“三高”新特征，让使用者能够对地表看得更清楚、对地物认识得更准确。

全色影像

多光谱影像

高光谱影像

图2-1　不同波段数量的遥感影像

（1）高空间分辨率遥感

空间分辨率是指能够被光学遥感器（也称传感器）辨识的单一地物或2个相邻地物间的最小尺寸。空间分辨率越高，遥感图像包含的地物形态信息就越丰富，越能识别小的目标。

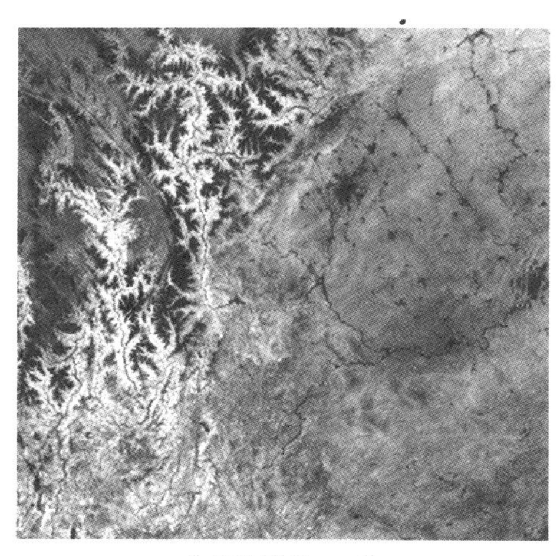

空间分辨率300米

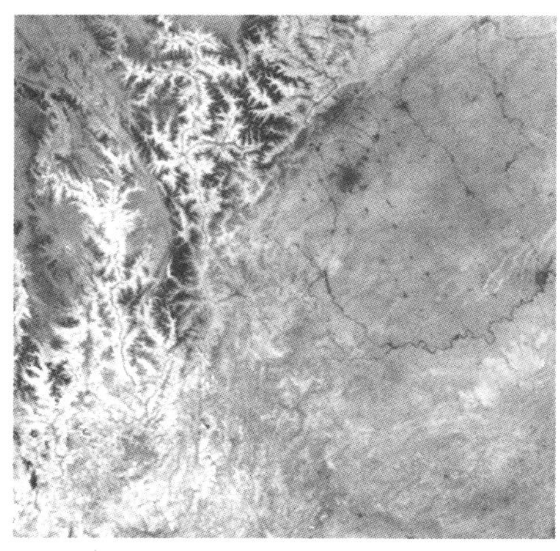

空间分辨率1000米

图2-2 数字影像的空间分辨率（相比于1000米分辨率的影像，300米分辨率影像的纹理和细节信息更清晰）

知识链接

空间分辨率的三种表示方法：

（1）像元大小(pixel size)：数字图像中，一个像元(像素)代表的地面实际尺寸，也称地面采样间隔(Ground Sampling Distance，GSD)，指数字影像中用地面距离单位表示的像素大小。例如，某遥感影像的地面分辨率是2米，则它的一个像元对应地面2米×2米的范围。

（2）线对数（line pairs）：针对胶片图像而言，即1毫米宽度内包含的明暗间隔的线对数，单位：线对/毫米。简单地说，如果在胶片上的1毫米宽度内，能够分辨出一亮一暗两条线，那么这张胶片图像的线对数是1线对/毫米，能分辨出的线对越多，图像的分辨率越高。

（3）瞬时视场角（Instantaneous Field of View，IFOV）：指遥感器内单个探测元件的观测视野，单位：毫弧度。高度固定时，IFOV越小，最小可分辨单元（像元）对应的地面尺寸越小，空间分辨率越高。

注意区分地面分辨率和影像分辨率。地面分辨率是指影像能够详细区分的最小单元所代表的地面实际尺寸的大小。影像分辨率是指地面分辨率在不同比例尺的具体影像上的反映。一幅遥感影像的地面分辨率不随影像的缩放（显示比例尺）变化，是固定的，但它的影像分辨率则与影像比例尺有关。按照1:1比例尺显示时，影像分辨率与地面分辨率相同，按照1:2比例尺显示时，影像分辨率只有地面分辨率的一半。

高空间分辨率图像（简称“高分图像”）包含了地物丰富的纹理、形状、结构、邻域关系等信息。当前，商业化高分图像的多领域应用发展迅速。在农业方面，法国SPOT-5卫星2.5米融合图像可以实现人工种植园中冬小麦、水稻和棉花等种植区域的提取。城市规划管理方面，中国高分二号卫星图像可准确地识别城市街道、人行道绿地、公园、建筑物，甚至车辆数量等信息。海岸带调查方面，使用美国Worldview-3高分图像可以大幅提高海岸线提取的精度，实现围填海状况监测。

图2-3 2014年9月25日上海陆家嘴高分辨率图像
（高分二号卫星0.8米全色与3.2米多光谱融合结果）

在灾情评估方面，高分图像可以实现滑坡和洪水等淹没区域的快速提取、道路与建筑物毁坏状况等监测。

2010年4月14日，青海玉树发生里氏7.1级地震后，遥感飞机获取整个灾区高分辨率光学影像，经过快速解译与分析，获取地

图2-4 青海玉树地震破坏遥感解译图

红色区域是地震灾害中倒塌的房屋，绿色区域是未倒塌房屋，橙色线表示道路，蓝色线表示河流。

震破坏信息，提供救灾决策。

在国防军事方面，高分图像可以精确识别敌方装备，包括装备的型号、数量及人员调动等重要信息。

（2）高光谱分辨率遥感

光谱分辨率指遥感器所选用的波段数量多少、各波段的波长位置及波段间隔大小。一般情况下，光谱波段间隔越小，光谱分辨率越高，遥感器接收到的能量强度就越小，直接影响数据的质量、性能和可靠性，这对设备提出了非常高的要求。高光谱分辨率遥感又称高光谱遥感，它利用成像光谱仪在几十个甚至几百个连续的光谱通道获取地物辐射信息，在取得地物图像的同时，每个像元都能得到一条包含地物诊断性光谱特征的连续光谱曲线。

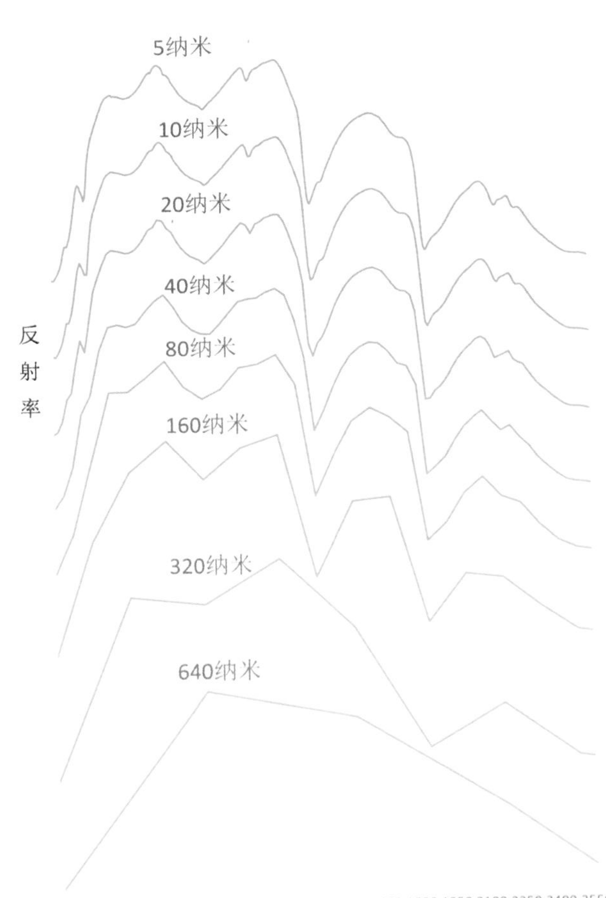

图2-5 不同光谱分辨率下的绿脱石光谱曲线

光谱分辨率越低，目标的光谱特征细节反映越少，光谱曲线上的特征点越来越少。

在光谱波段内，地物有着特异性的反射吸收光谱特征，通过这种特异性的特征就可以进行定性和定量的研究，高光谱遥感突出的特点和优势使其在众多领域发挥着越来越重要的作用。通过对矿物元素的诊断性光谱特征分析，高光谱遥感能够实现对矿物成分及其丰度的精确识别；在植被研究方面，通过高光谱数据能够反演植被物理和化学参数，开展植被长势监测、品质评估等工作；在水质监测方面，通过对水中叶绿素、黄色物质、悬浮物等成分的光谱反演，可以掌握水华暴发、黑臭水体分布以及污染来源等信息；此外，高光谱遥感技术在军事目标侦察、阵地与装备伪装识别、战场环境背景分析等方面有巨大应用潜力和先天优势。

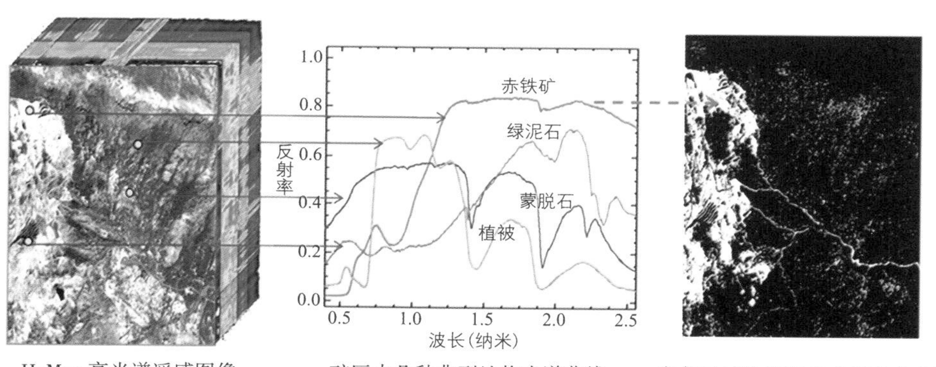

图2-6 高光谱图像提取赤铁矿（张兵提供）

近年来，成像光谱技术也逐渐应用于各种非传统遥感行业，比如在医学、生物、刑侦、考古、文物保护等领域开展了广泛的探索性应用，大大拓展了成像光谱技术的应用领域和商业价值。2006年，原中国科学院遥感应用研究所成功研制了国内首套摆扫式地面成像光谱仪，并与故宫博物院等单位合作，在古画、唐卡、壁画、墨书等文物的识别和鉴别方面取得了开创性成果。

图2-7 高光谱遥感的新应用领域——还原作画过程的涂改痕迹（孙雪剑提供）

（3）高时间分辨率遥感

卫星遥感观测的时间分辨率（或卫星重访周期）是指在同一区域进行相邻2次观测的最小时间间隔，间隔越小，时间分辨率越高。目前时间分辨率最高的遥感卫星是气象卫星，比如我国风云二号气象卫星每半小时对地观测1次，双星错开观测，可以每15分钟观测1次地球。但是气象卫星的空间分辨率相对较低，一般都在百米级或千米级。随着高分辨率成像技术的进步，陆续出现了一批中高空间分辨率的遥感卫星，再通过卫星组网观测技术，建立遥感卫星星座，就能实现高空间、高时间分辨率遥感观测。除此之外，还有地球静止轨道卫星，如我国2015年底发射的具有50米空间分辨率的高分四号卫星，观测面积大，而且能长期对某一地区持续观测。

高时间分辨率遥感与高空间、高光谱遥感技术相结合，能够实现对地物类型与理化特性的精准反演和高时频变化监测。高时间分辨率遥感已经在全球变化及资源环境监测中发挥着重要作用。它能够通过植被指数等参数的时间立方体分析，精确监测作物种植、退耕还林、退牧还草、围湖造田、植树造林、森林砍伐等植被生长状况变化或工程进展情况。高时间分辨率遥感卫星能够实时监测和预报台风、寒潮、暴雨、洪水、沙尘暴、灰霾等灾害天气现象，还能够准确测量洪涝灾害水淹区域、草原或森林火灾过火区域、地震滑坡泥石流影响区域等，以及大区域实时监测农业旱灾、赤潮与水华暴发、草原或森林病虫害、农作物病虫害等灾害现象。利用地球静止轨道遥感卫星或者高空间分辨率遥感卫星星座，基于图像目标自动识别技术，还能够锁定航空母舰等大型舰船和高价值移动目标，对其移动状况进行实时或准实时监控。

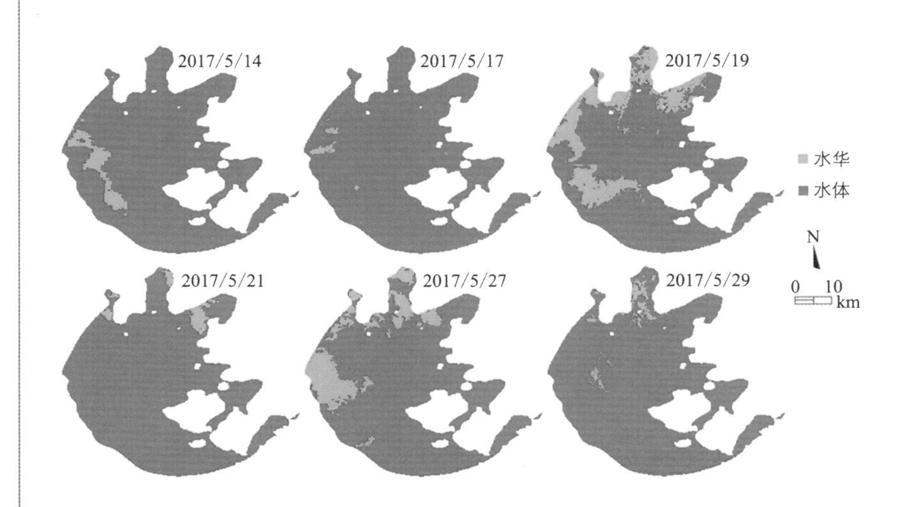

图2-8 基于MODIS每天L1B数据的2007年5月其中6天太湖水华（绿色区域）暴发动态监测（李俊生提供）

2 穿云透雾的微波遥感

微波遥感是重要的遥感技术门类之一。它是通过接收地物在微波波段（波长为1毫米～1米）的电磁辐射和散射能量，以探测和识别远距离物体的技术，这使微波遥感具有很多光学遥感所不具有的能力，包括具有全天候的工作能力，能穿透云层，不受气象条件和日照水平的影响。按微波遥感的工作原理，可以分为有发射源的主动微波遥感和没有发射源的被动微波遥感。合成孔径雷达（Synthetic Aperture Radar, SAR）是一种高分辨率二维成像的主动微波遥感，也是目前微波成像遥感应用最广的技术，它的图像在几何和辐射特征上与光学遥感图像有着显著差异。

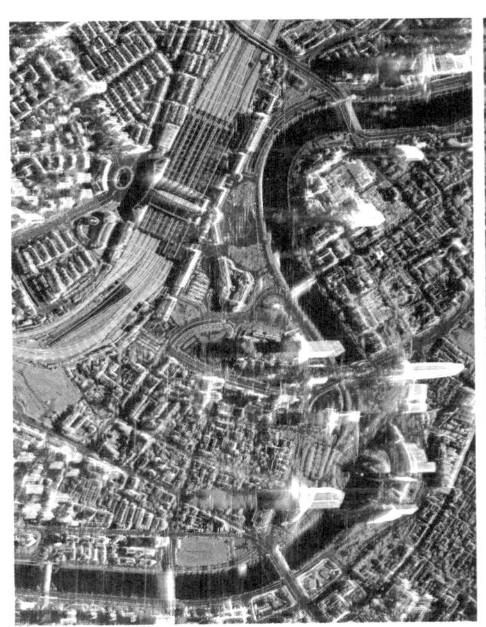

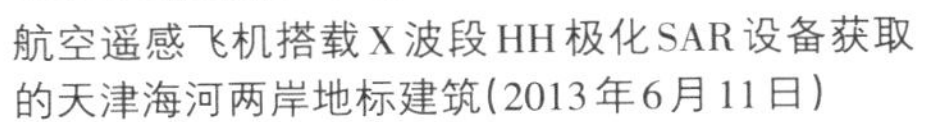

航空遥感飞机搭载X波段HH极化SAR设备获取的天津海河两岸地标建筑(2013年6月11日)

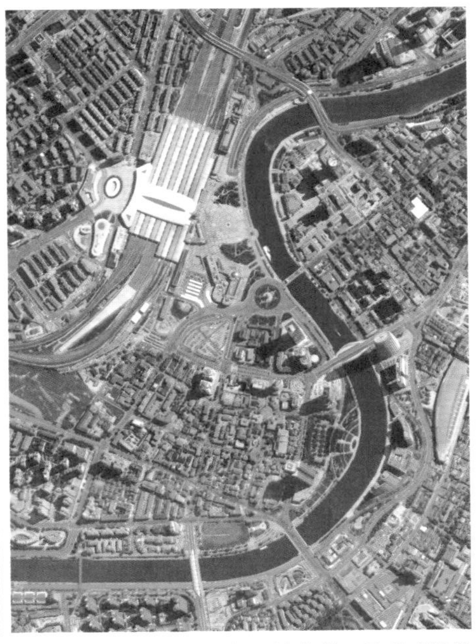

美国Digital Globe公司获取的光学卫星遥感数据(2014年9月9日,来自Google Earth)

图2-9 微波与光学遥感数据

从图2-9可以明显看出微波数据与光学数据在影像上的差别：在光学影像上，地面物体是什么，影像上看到的就是什么；而微波影像上看到的与人眼直接看到的结果不尽相同，取决于地面物体的材质、水分含量、物理结构、表面粗糙度等，典型的如水体、高层建筑、植被等。

合成孔径雷达技术广泛应用于全球变化、资源勘查、环境监测、灾害评估、城市规划和夜间成像观测等领域，还可以用来测量土壤湿度、雪被深度和地质构造等，非洲撒哈拉沙漠地下古河道的发现正是依赖于这一特殊技术。

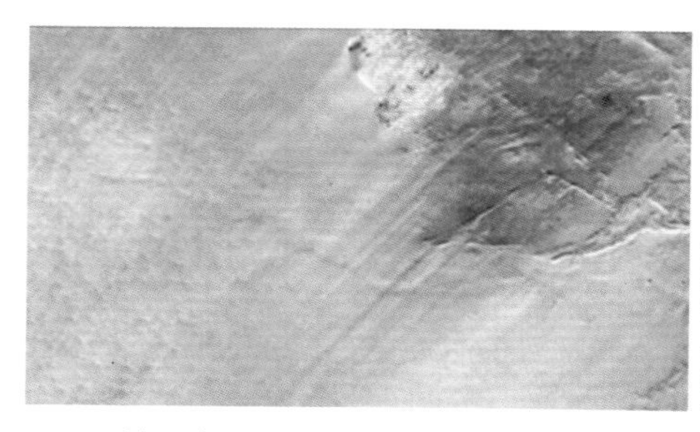

美国陆地卫星光学影像无明显指示

对应区域SAR图像

图2-10　通过SAR发现撒哈拉沙漠浅埋的古河道，可以明显看出曾作为绿洲水源供给的古河道的痕迹（来自NASA/JPL）

微波遥感器可以借助多次观测或者同步多视角观测进行干涉测量，从而实现目标三维地貌高精度成像和地壳微小移动高精度监测。例如，当前全球应用广泛的30米分辨率数字高程模型SRTM数据产品就是通过美国航天干涉合成孔径雷达（Interferometric Synthetic Aperture Radar, InSAR）技术实现的。

从遥感器成像和数据获取能力来看，SAR（特别是航天SAR）技术发展在经历了单波段单极化SAR、多波段多极化SAR、极化SAR与干涉SAR三个阶段后，如今已经进入新的发展时期。近年来，不断涌现的极化干涉SAR（PolinSAR）、三维/四维SAR（3D/

4D SAR）、双站/多站SAR（Bi-/Multistatic SAR）和数字波束形成SAR（DBF SAR）等前沿雷达技术代表了新一代SAR的问世。新一代SAR具备双站/多站或星座观测、极化干涉测量、高分宽幅测绘以及三维结构信息获取等先进成像技术，它们将在全球环境变化、全球森林监测、全球水循环和碳循环、城市三维信息获取以及对月探测等领域中发挥更加重要的作用。

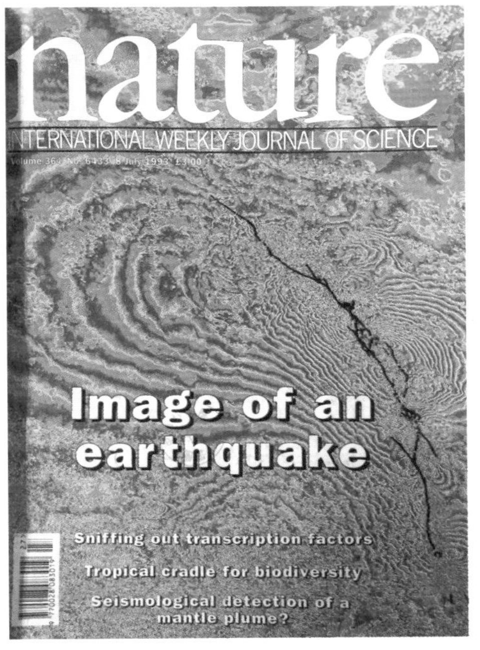

图中彩色线条是雷达干涉条纹，代表地震引起的地表位移量；黑色线条代表地震震中断裂带及走向。

图2-11 《自然》封面上的1992年美国加利福尼亚Landers地震InSAR图像

3 靠温度感知万物的红外遥感

红外遥感是通过获取地物反射或发射的红外热辐射能量信息来感知地物特性的技术。受大气作用的影响，卫星遥感器入瞳处的热辐射主要集中在3～5微米和8～14微米两个大气窗口，前者为中红外窗口区，反射特性和发射特性同等重要；后者为热红外窗口区，以目标物发射的热辐射为主。任何温度高于绝对零度（-273.15℃）的物体都会不断地向外界以电磁波的形式发射热辐射，使得热红外遥感能够实现对目标物的全天时遥感监测。不同的红外波段对不同的温度具有不同的感知能力，这种能力往往能够透露出地面的细节。

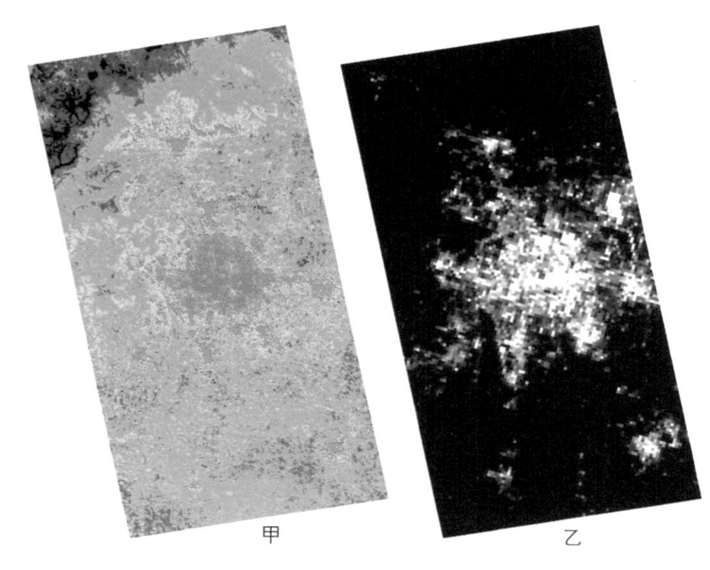

图甲：2011年5月6日，ASTER/Terra遥感器第14通道（热红外通道，波长范围10.95～11.65微米，空间分辨率90米）的亮温数据。图乙：2012年9月15日，VIIRS/NPP DNB通道（可见光—近红外通道，波长范围0.5～0.9微米，空间分辨率750米）的灯光数据。

图2-12 北京城区可见光—近红外通道夜晚灯光数据和对应的热红外亮温数据对比图（吴骅提供）

中红外和热红外遥感在矿物识别、构造填图、农情监测、城市热岛效应研究、灾害监测、环境污染监测以及军事等领域都有很广泛的应用。地质勘探是红外遥感大显身手的重要领域。构造和地表热环境关系密切，且构造对地热循环到地表有着非常重要的影响，利用热红外遥感能够实现大范围内地表温度异常探测，能够发现构造异常。地震预警所依赖的技术手段之一就是对地表温度异常区进行探测。

对矿物而言，其吸收反射特征大多集中在红外—热红外波段，借助热红外遥感技术，能够让工程师更容易提取地质和蚀变信息，有效填图，再结合地球物理、地球化学、野外和实验室光谱等，还能加深对矿床成因的理解。

在农业方面，最典型的应用就是开展农业土壤水分监测。土壤水分发生变化会导致植物通过蒸腾作用调节冠层温度，热红外遥感就可以通过对植物冠层温度的变化反推出土壤水分含量，这非常有助于人们科学合理地调控土壤水分并节约水资源。

减灾应用、城市热岛效应研究和环境污染监测也都是热红外遥感的重要应用领域，通过热红外遥感可以准确获取地表温度或空气温度的时空分布信息，这些都有助于灾情发现与趋势评估、城市合理规划、能源节约和违规生产排放监测等。

红外遥感在军事领域应用广泛，如军事目标的红外侦察、红外夜视和红外预警等，通过观测目标和背景的中红外或热红外辐射强弱差别，可以识别由于伪装或者观测条件不佳（夜间和不良天气）而难以发现的军事目标。

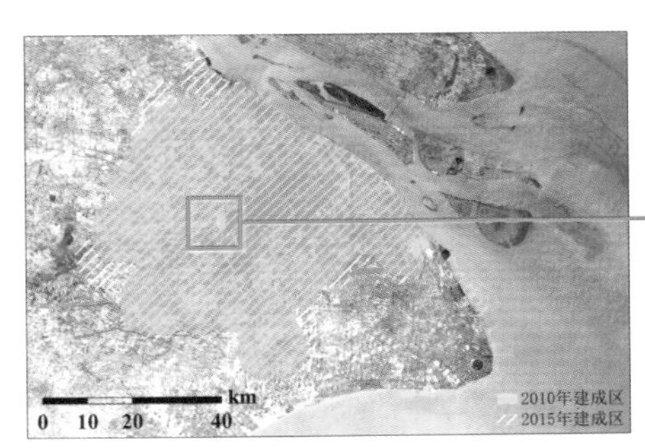

2010—2015年主体建成区变化

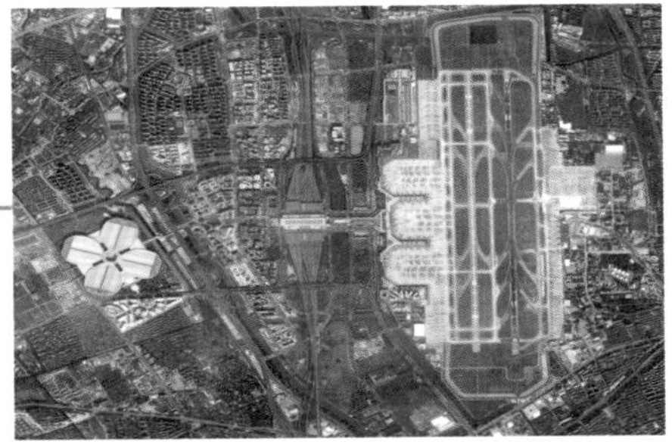
国产高分卫星影像

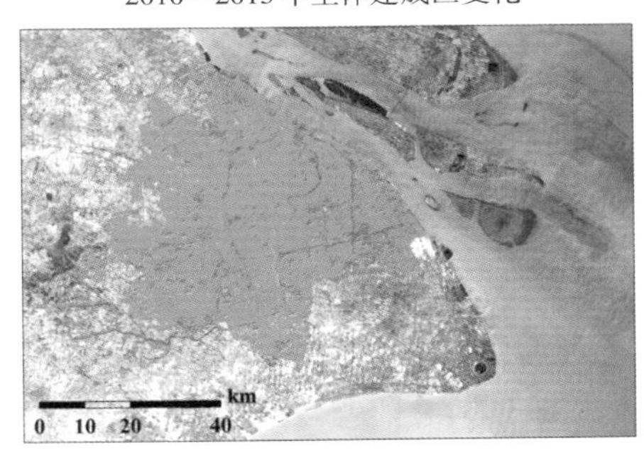

2015年不透水面分布

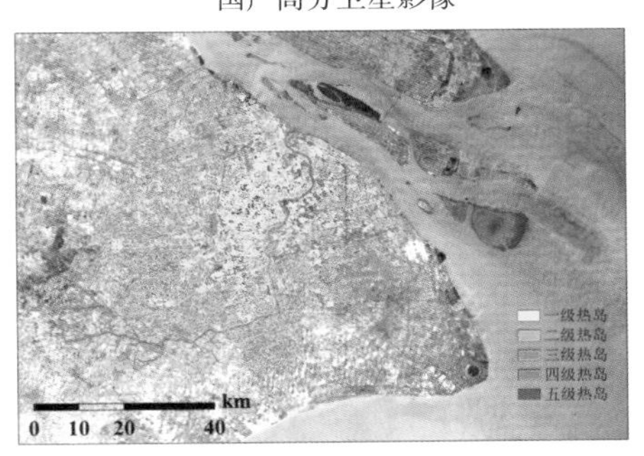

热岛空间分布

图2–13　上海热岛相关因子空间分布图（柳钦火、吴俊君、孟庆岩提供）

基于遥感技术的上海热岛监测显示，2015年上海主体建成区的不透水率较2010年有所增长，2015年热岛面积比率较2010年有所增长。从热岛的驱动因子来看，主体建成区的建筑密度和人为活动仍然是热岛产生的重要因素。

4 距离量测的激光雷达遥感

激光雷达（Light Detection and Ranging, LiDAR）是激光探测及测距系统的简称，是一种有发射源的主动遥感系统。激光雷达通过测量光波往返发射器与被测物体之间的时间，进而计算两者之间的距离，再通过记录一个单发射脉冲返回的首回波、中间多个回波与最后回波，分析获得地表物体的三维结构信息。激光雷达获取的离散点云数据经过处理后，即可生成高精度的数字高程模型（Digital Elevation Model, DEM）和数字表面模型（Digital Surface Model, DSM）产品，以精确表征地面物体的三维信息。

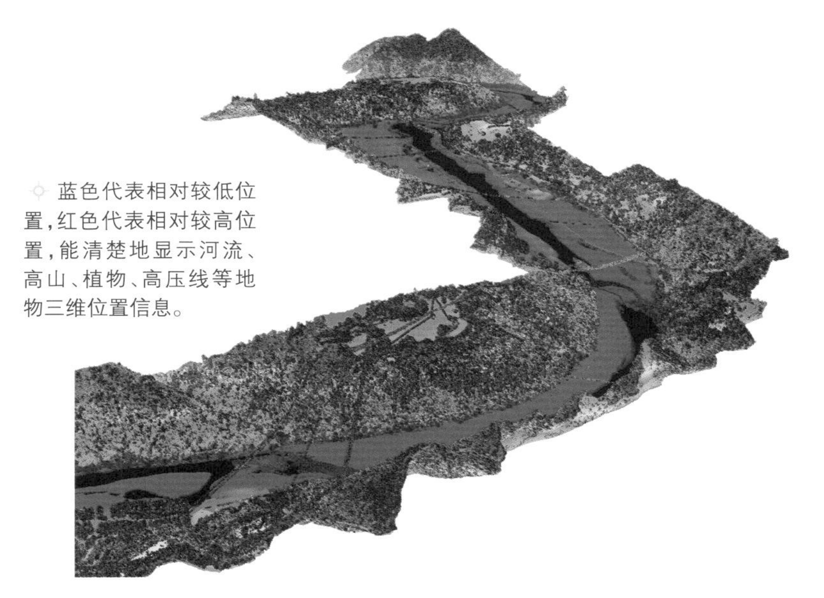

蓝色代表相对较低位置，红色代表相对较高位置，能清楚地显示河流、高山、植物、高压线等地物三维位置信息。

图2-14 机载激光雷达获取的经过颜色渲染的河谷地区三维点云数据

近年来，星载、机载、地面等激光雷达系统不断涌现，机载和地面激光雷达系统已经能够将扫描误差控制在厘米甚至毫米级别。2007年，中国发射的“嫦娥一号”激光高度计是我国第一个星载激光雷达系统，在轨运行期间共获取912万点有效数据，得到的月球两极高程数据填补了世界空白。星载激光雷达系统运行轨道高、观测视野广，可以测量陆地表面粗糙度和反射率、植被冠层高度、雪盖面和冰川的表面特征等，适用于大尺度的、全球范围的冰川、海冰和森林监测。

5 别具匠心的其他遥感

(1) 偏振遥感

传统的遥感将地面理想化为朗伯体（对电磁辐射的散射不随入射角变化而变化）。遥感器接收电磁波，而电磁波具有偏振性，对于朗伯体而言，光谱的光谱角度信息和偏振信息均为0。但朗伯体是理想模型，地面在绝大多数情况下不是朗伯体，所以当入射电磁波被物体表面反射时，反射的电磁波携带的信息既有本身的光谱信息，又有光谱角度信息和偏振信息。偏振遥感能够探测地物的偏振特性，通过这些以前没有利用到的信息开展遥感应用，比如利用大气气溶胶的散射偏振光数据来反演大气气溶胶厚度，往往能够获得更好的效果。偏振遥感在植被、岩矿、土壤、水体、大气、军事等领域有着越来越广泛的应用前景。搭载地球反射偏振测量仪POLDER-1的日本ADEOS-I卫星（1996年发射，8个月后卫星失效）是第一颗偏振遥感卫星；2004年法国发射的PARASOL卫星携带有POLDER偏振仪，在大气气溶胶监测等方面也取得了一定的成果。

(2) 重力测量遥感

卫星重力测量通过检测卫星运行轨道在受到地球重力场及其他因素的影响下产生的扰动情况，来计算地球外部空间的重力场，进而解析出地球表层及内部物质的空间分布信息。目前已经发射的重力卫星包括德国的CHAMP卫星（2000年发射）、美国和德国合作研制的GRACE卫星（2002年发射），以及欧盟的GOCE重力卫星（2009年发射）。美国地理空间情报局利用GRACE卫星、欧洲太空局利用GOCE重力卫星分别获得了高精度地球重力场模型。地球重力场信息是自然科学的一种基础信息，在近代空间科学、地球科学的发展中起着重要作用。我国目前已有低低跟踪重力卫星发展规划，用于探索地球和其他天体的内部结构信息。

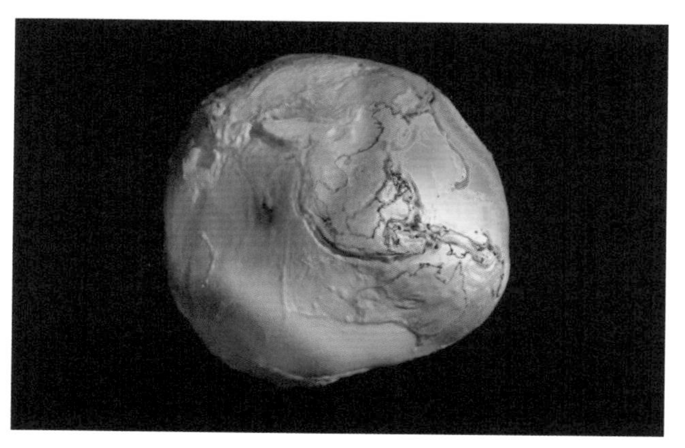

图2-15 基于GOCE重力卫星绘制的高精度地球引力分布图（欧洲太空局2013年发布）

将地球表面海水全部去除后建立的地球三维模型。不同颜色代表不同的引力值大小，自蓝色向红色过渡，表示引力值逐渐增大。

（3）行星遥感

遥感对于行星的探测具有先天优势。通过空间探测卫星携带不同类型的遥感器，如立体摄像机、红外扫描仪、红外辐射计、成像光谱仪、成像雷达、激光测高仪等，可以探测收集行星的物理信息。世界各国都在积极推进这样的探测活动，如欧洲的SMART-1号月球探测器、日本的SELENE探月器、美国的LRO月球勘测轨道飞行器、中国的嫦娥探月计划等。2016年，中国科学院遥感与数字地球研究所行星遥感团队利用LRO广角照相机获取的月球全球影像和地形数据，开展了月脊全球制图分析和定年研究，首次实现了对整个月球表面的皱脊进行识别、测量、分类、统计分析。

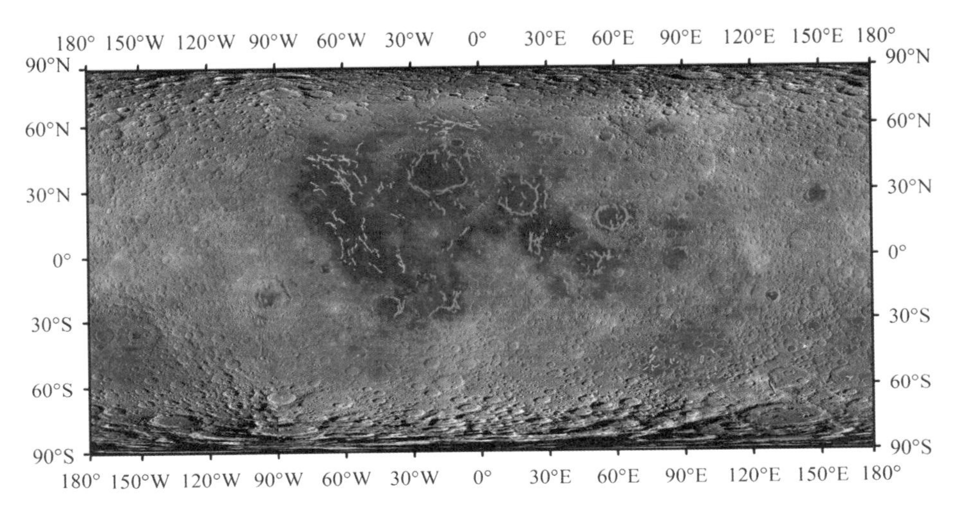

图2-16 月球皱脊全球分布图（岳宗玉、邸凯昌提供）

蓝色、红色和绿色分别为同心状月脊、平行月脊和孤立月脊。

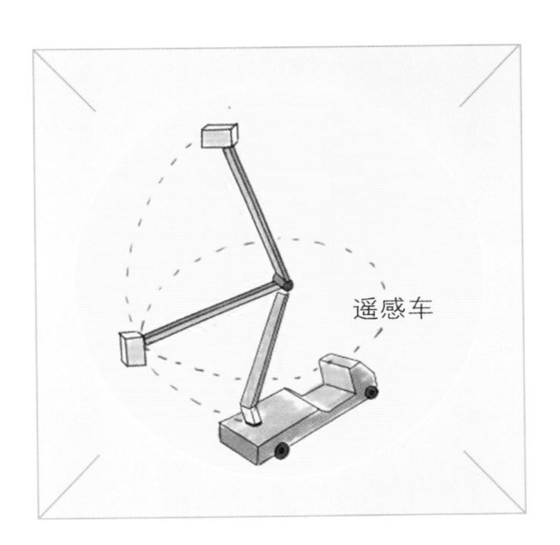

遥感搭载平台有近地表遥感平台、航空遥感平台与航天遥感平台。不同的遥感器与遥感平台结合，分别构成了地面、航空与航天遥感系统，实现从天到地的对地立体观测。

2013年白洋淀地区微波影像。

1 九天观地的航天遥感

“遥感”通常指航天遥感，它是世界科技强国十分重视的高科技竞技场。航天遥感具有尺度大、视野宏观、覆盖范围广等优点，是涉及全球及区域性研究与应用不可替代的对地观测手段，也是获取一个国家乃至全球时空信息必不可少的技术。航天遥感的平台有卫星、宇宙飞船、空间站等，一般情况下，以卫星平台为主，故航天遥感大多指卫星遥感。

遥感卫星按照用途分为：陆地资源卫星，用于陆地资源和环境探测；气象卫星，用于快速、连续、大面积地探测全球大气变化情况；海洋卫星，用于海洋温度场、海流，海水的类型、密集度、数量、范围以及水下信息，海洋环境等方面的动态监测；科学试验观测卫星，用于科学探测与技术试验；军事侦察卫星，用于侦察或监视对方的军事行动，获得情报资料。

一颗遥感卫星可以同时实现多种用途，比如陆地资源卫星可以进行军事侦察，科学试验观测卫星也可以用于陆地资源调查和大气、海洋监测，因此上述分类并不是绝对的。

遥感卫星可以根据与地球的相对位置关系，分为静止轨道卫星和极轨卫星；也可以分为太阳同步卫星和地球同步卫星。

知识链接

极轨卫星 卫星轨道倾角是指卫星轨道面与地球赤道面的夹角。

当卫星轨道倾角接近90°时，卫星近乎通过极地，称为“近极地太阳同步轨道卫星”，简称极轨卫星。极轨遥感卫星轨道高度一般在700～1500千米范围内，由于离地面相对较近，其获得数据的空间分辨率较高。它们经过地球同一纬度的“地方时”，在一段时间内几乎不变，即卫星经过某一特定位置的太阳光照条件相同，这样有利于采用可见光相机的遥感卫星在同一时间连续对地观测。绝大多数陆地资源卫星、侦察卫星和气象卫星都属于这一类，如我国的中巴资源系列卫星，高分一号、二号、三号卫星，环境系列卫星，海洋系列卫星以及风云一号、三号气象卫星。极轨卫星每天对同一地区的观测次数有限，对有密集观测需求的任务就力不从心了，虽然可以通过多颗卫星组网观测实现，但无论成本还是技术难度，都有不小的限制。

静止轨道卫星 静止轨道遥感卫星则能够克服这一缺陷，实现对地密集观测。

卫星轨道倾角为0°，卫星运行周期与地球自转周期相同，且卫星的公转方向与地球自转方向相同的卫星，称为静止轨道卫星。此类卫星如同静止在空中，所以称为静止卫星。静止卫星距离地球的高度约为3.6万千米，相同遥感器条件下，其获得的数据的空间分辨率低于极轨卫星。但由于它的轨道高，能观测更大的范围，与地球同步的特性让它可以对某一地区实现连续观测。中国大部分通信卫星，风云二号、四号气象卫星以及高分四号卫星都在这条轨道上运行。

自从1972年美国的地球资源卫星成功发射后，现代遥感卫星迎来大发展。各类卫星遥感计划纷纷执行，如美国国家航空航天局的美国地球观测系统计划（EOS）、“欧洲遥感卫星”计划（ERS）。这些遥感卫星不论是携带的遥感器种类、性能还是观测方式、组网技术（卫星星座）等，都一步步地将卫星遥感研究与应用推向高峰。从卫星遥感数据空间分辨率的发展就可窥一斑。早期美国陆地资源卫星（Landsat-1、Landsat-2、Landsat-3）的MSS遥感器的多光谱数据分辨率是79米，1982年投入使用的Landsat-4的TM遥感器的分辨率已提高到30米。1986年发射的法国SPOT系列卫星开启了高空间分辨率卫星的时代，截至2014年，发射的SPOT 1～7号卫星数据空间分辨率从10米提高到1.5米。1999年美国IKNOS商业卫星将遥感数据空间分辨率推向1米，2001年10月美国Quickbird商业卫星遥感数据的空间分辨率达到0.61米，从此卫星遥感进入了亚米级时代。2007年发射的Worldview-1、2009年发射的Worldview-2两颗卫星将空间分辨率提升到0.5米，2014年8月发射的Worldview-3更是将空间分辨率提升到0.31米，这是目前市面上能够得到的分辨率最高的遥感数据之一。2016年12月，我国发射的高景一号商业卫星数据空间分辨率达到了0.5米。

经过多年的不懈努力，我国也先后研制发射了一系列遥感卫星，如风云气象系列卫星（FY，1988年以来）、资源系列卫星（CEBERS，1999年以来）、海洋系列卫星（HY，2002年以来）、环境系列卫星（HJ，2008年以来）、高分系列卫星（GF，2013年以来）。由原先搭载单一光学遥感器的卫星（资源一号卫星），发展出搭载成像光谱仪、热红外设备的卫星（环境1A、1B卫星）和合成孔径雷达设备的卫星（环境1C卫星），搭载微波散射计、雷达高度计、扫描微波辐射计和校正微波辐射计的海洋动力卫星（海洋二号卫星），由原先的获取平面数据发展出能够立体观测的遥感测绘卫星（资源三号）。我国2015年发射成功的吉林一号商业卫星

(JL-1)，数据空间分辨率达到0.72米，更重要的是它具有遥感视频功能，分辨率达到1.13米。现在，越来越多的小型遥感卫星成功发射，创新不断。

2 机动灵活的航空遥感

航空遥感作为空天地遥感体系的重要组成部分，不仅是地面遥感与航天遥感的有效补充，也是开展资源探测、科学试验和工程应用的重要手段之一。

航天遥感由于受卫星重访周期、空间分辨率等因素的制约，经常无法获得理想数据。航空遥感因其平台的机动性和灵活性，与航天遥感相比，可以获得更高空间分辨率和时间分辨率的数据，而且可以根据用户需求随时进行遥感飞行，满足各种行业的多样化需求，如对同一区域需要进行高时间分辨率的密集观测，甚至一天之内多次获取遥感数据。在一些研究和应用领域，航空遥感还具有不可替代的特殊用途，比如卫星搭载的遥感器就需要使用航空遥感进行大量的试验，以测试、验证其性能和可靠性，测试合格后方可搭载在卫星上发射至太空。航空遥感在突发应急事件发生时也能发挥重要作用。2008年汶川地震期间，受天气因素、山区复杂环境和卫星过境时间等条件限制，一时难以获取有效的灾区遥感数据，而航空遥感借助飞机平台机动便捷的优势，迅速获取灾区地面信息，为抗震救灾提供了第一手有效资料。航空遥感的成本相对经济，特别是近年来随着无人机的发展，更多的遥感器可以搭载在无人机上开展多学科研究与行业应用，其成本得到进一步控制，更好地促进遥感技术的发展和推广。

实际上，航空遥感由于灵活、机动的特点，已经超脱遥感本身，发展成为借助航空平台，服务于地球科学、空间信息科学、大气科学、生态科学等多学科门类的现代技术。

3 基础研究依托的地面遥感

地面遥感的平台可以是建筑、地面移动站等，能灵活更换遥感器，在设定条件和环境中快速完成目标观测和数据获取。由于遥感器架设在离地面不高处，能够获取数据的范围相对较小。常见的搭载平台有三脚架、遥感塔、遥感车等。

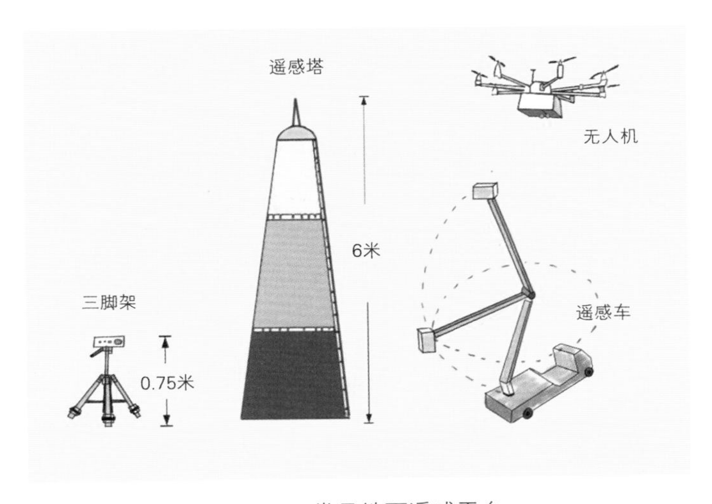

图3-1 常见地面遥感平台

地面遥感能够为航空遥感、航天遥感研究提供试验基础，可直接用于标定航空和卫星遥感观测数据，用于遥感产品的真实性检验；遥感设备研制、遥感模型开发、参数优化可以先通过地面遥感进行实验，验证能否达到预期目标。地面遥感也是遥感研究基础数据的重要来源，通过地面遥感方法可以进行各种地物波谱测量和遥感观测等试验，支持遥感模型的验证和定量遥感研究。尺度效应是定量遥感的基础问题之一，地面遥感是解决该问题不可或缺的技术与方法之一。地面遥感也是其他学科研究和工程应用的重要手段，在生物多样性分析、大气探测、精细农业生产、水土保持监测等领域发挥了重要作用。

除此之外，地面遥感还开发了一批新的应用领域，拓展了遥感技术应用的广度、深度，如利用地面成像光谱仪进行水果、肉类等食品质量检测以及地质岩芯扫描等。这些新兴的应用使得遥感更加紧密地渗透到人们的日常生活中，具有更高的实用价值。

图3–2 地面定量遥感试验：植物生长量变化监测

第二部分

中国遥感卫星地面站

第四章 天有所视 地有所知

卫星遥感作为20世纪60年代新兴的科学领域之一，经过多年发展，已经成为各国空间对地观测领域的主要科技手段。1986年，中国遥感卫星地面站建成运行，我国的遥感事业真正跨进“天有所视，地有所知”的崭新时代。

遥感卫星和地面站，一个在天巡绕地球，一个在地遥呼卫星；一个对地俯视发送浏览的一切，一个对天仰望接收欲知的全部。“身无彩凤双飞翼，心有灵犀一点通”，同生共存的遥感卫星与遥感卫星地面站隔空发收无线电波，沿通信链路传递遥感信息，就像一对“心有灵犀”的“孪生兄弟”。

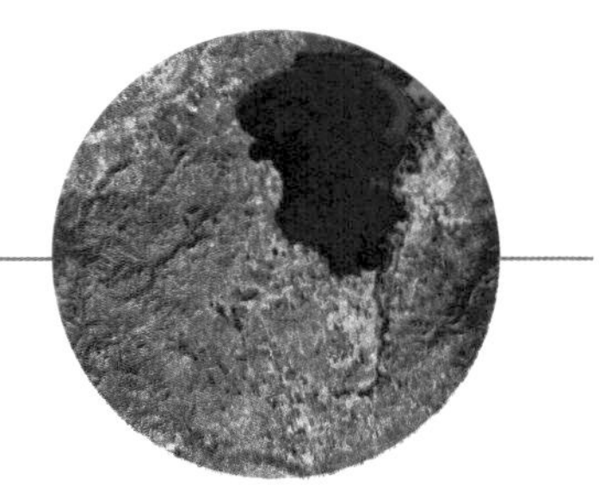

中国遥感卫星地面站接收并处理的Landsat-8卫星影像产品——兴凯湖。

1 孪生兄弟 心有灵犀

地球表面覆盖着5.1亿平方千米的陆地与海洋。陆地上有高低起伏的山脉、丘陵、高原、平原和盆地，海洋下有深浅悬殊的海沟、海岭、洋盆、大陆坡和大陆架等，形貌千姿百态，气象万千。地貌与气候、水文、土壤、植被等有着千丝万缕的联系，与岩石性质和地质构造的关系尤为密切，其中蕴藏着空气、河海、土地、森林、矿产等宝贵资源，隐藏着地球生命诞生以来的活动踪迹，分布着凝聚了古今人类智慧的建造与建筑等地物信息。

我们生活于其中，深感亲切，又倍感神秘。“不识庐山真面目，只缘身在此山中”。自古以来，古人就渴望登高望远，梦想能够升上太空鸟瞰大地，居高临下地观测地球形状与全貌，揭开大自然、生命现象乃至宇宙的神秘面纱。

以卫星遥感为主的航天遥感，其遥感平台是各类人造卫星，所携带的各类遥感器可以主动或被动接收陆地、海洋、大气等的各类信息，犹如人类安放在太空的眼睛。这就是“天有所视”。

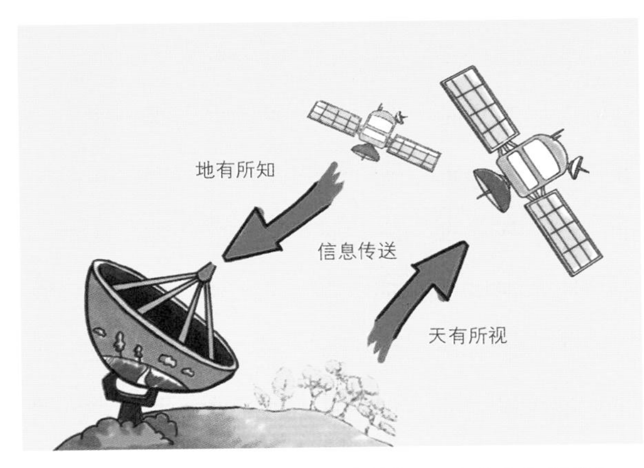

图4-1 遥感卫星与地面站恰似一对“孪生兄弟”

与此同时，遥感卫星地面站需要跟踪接收卫星向地面传输的包含各类探测信息的电磁波信号，最终以数字信息的形式实现“落地”，从而为行业应用提供数据支持。这就是“地有所知”。

遥感卫星升空巡视，遥感卫星地面站也要坐落运行，兄弟俩心有灵犀，遥相呼应，相辅相成，缺一不可。

❷ 地面感知　六部同歌

遥感卫星观测的数据，究竟是如何变成我们熟悉的图像或信息的呢？遥感卫星地面站是如何工作的呢？遥感卫星地面站的工作主要包括跟踪接收、数据记录、数据传输、数据处理、数据服务、运行管理6个部分，共同实现对地观测数据从天到地、从无形到有形的“转变”。

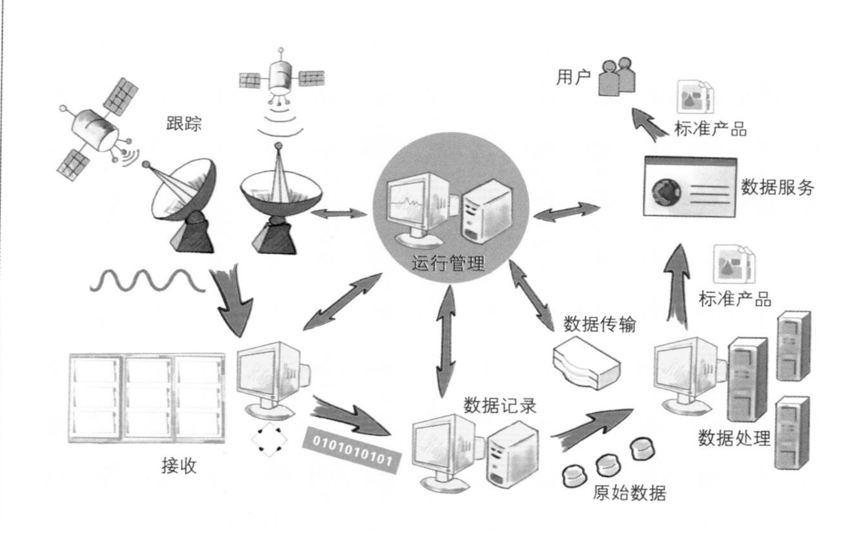

图4-2　地面站工作六部曲

（1）第一步：跟踪接收，得到卫星下行数据

“跟踪接收”是遥感卫星与地面接收站之间建立通信的数据通信过程，两者的通信传媒为电磁波，一般是微波。目前，遥感卫

星与地面接收站之间常用的通信频段包括S频段、X频段和Ka频段。相比于S频段和X频段，Ka频段可使用的频率范围更广，是大数据量星地通信的首选。

“跟踪接收”包含跟踪和接收两部分。

①跟踪部分

要想实现星地通信，首先要能定位遥感卫星，卫星跟踪就是完成这项工作的。

近地轨道上运行着上千颗各类卫星。地面站的天线要从茫茫星海中找到通信对象，需要根据卫星的轨道根数准确计算出卫星的入站位置，并精确控制天线“瞄准”卫星的入站位置，“守空待星”。对于X频段卫星，对准偏差要求不超过0.2°；对于Ka频段卫星，对准偏差则要求不超过0.08°。

遥感卫星过境时，天线要快、稳、准地捕获卫星发送的信号。快：卫星单次过站时间有限，为了最大限度利用卫星的过站时间完成卫星数据接收，需在几秒内捕获卫星信号；稳：遥感卫星的绕行速度很大，大部分近地轨道卫星90分钟左右即可绕地球一圈，为了保证信号质量，需要控制数十吨重的天线平稳地指向卫星；准：在跟踪过程中，天线需时刻调整姿态对准遥感卫星，频段越高，精度要求越高，对于Ka频段遥感卫星，天线的稳定跟踪精度需达到0.006°。

②接收部分

跟踪上卫星后，就要接收卫星的下行数据了。这类数据的特点是弱信号、大信息。弱信号是指遥感卫星发射的微波信号，经过数百千米甚至数千千米的长途旅行，有时还会遭遇雨、雪等恶劣天气，到达地面站天线时已经非常微弱，信号强度甚至比手机信号还低。大信息是指接收的遥感卫星数据码速率很高，目前主流陆地观测卫星下行码速率高达900兆/秒。

接收部分包括信号的获取、放大、变频、解调和译码。

首先，采用高增益的大口径天线获取卫星微弱的微波信号，将其转换成电信号。其次是变频。再次是放大电信号，放大后的信号处于射频频段，信息处理的难度大，需要将其从射频频段搬移到中频频段。然后是信号的解调，完成模拟信号到数字信号的处理。最后是译码，解调生成的数据码流往往包含各种误码，译码是通过数据码流中的冗余信息纠正误码的过程。

知识链接

- **微波信号可以加载信息的原理** 卫星获取的信息经调制转变为调制信号，调制信号变频到射频频段，通过天线激励，可以以微波信号的形式在空间中传输。

- **射频** 可以辐射到空间的电磁频率。遥感卫星通信常用的频段为S频段（2.2～2.3GHz）、X频段（7.95～8.9GHz）和Ka频段（25～27.5GHz）。

- **中频** 易被处理的电磁频率，通常为720MHz、1.2GHz和1.5GHz。

- **数字信号和数字图像的关系** 从数字信号为0、1组成的数字码流中按特定格式提取部分码流，然后按照特定格式组合形成数字图像。

由于遥感卫星的种类不同，因此下行频率、码速率、极化方式和调制编码等均可能不同，这就可能对数据接收提出不同要求。国际优秀的地面站能针对卫星的具体接收要求进行相应的配置，具有良好的通用性，是个“多面手”。

（2）第二步：数据记录，采集、保存和显示原始数据

数据记录的过程主要包括数据采集、数据保存、移动窗显示

三方面。

①数据采集

图4–3 卫星数据跟踪和接收过程示意图

接收过程中，解调后的卫星下行数据会以TTL/ECL电平信号或基于TCP/IP协议的数据包形式将卫星数据输出至数据记录系统。对于TTL/ECL电平信号形式的输出，数据记录系统利用数据采集板卡完成信号转换，获得真实的卫星下行数据流；对于基于TCP/IP协议的数据包，数据记录系统根据规则，从中提取卫星下行数据流。无论采用哪种形式进行采集，最终获得的二进制数据流都会进入数据保存环节。

②数据保存

数据保存就是将获得的二进制数据流形式的卫星下行数据打包，并按照约定的记录格式，将采集到的卫星下行数据相关身份和属性信息保存下来，从而实现卫星数据的“落地”。

图4–4 数据保存过程

③移动窗显示

移动窗显示是在卫星接收的同时，根据卫星数据的接口定义，将二进制数据流中的图像数据提取出来，结合辅助数据（位置信息、辐射信息）进行初步成像，在接收站本地生成快视图像数据，并实时滚动显示。如果某一时刻图像不正常（如缺行），说明当前时刻接收、记录的数据存在问题。“移动窗显示”是对接收、记录的卫星数据质量最直观的判断手段。

图4-5 记录系统上的移动窗显示

(3) 第三步：数据传输，进行数据汇集与分流

由于遥感卫星数据接收站分布在多个不同的地点，卫星数据接收、记录系统通常部署在接收站，而数据处理、数据服务和运行管理系统通常部署在总部。遥感卫星地面站要将各接收站接收、记录的遥感卫星原始数据和快视图像数据，通过地面光纤网络快速汇聚到总部，供地面站本部使用，并根据不同的任务要求将数据传输至各个相关数据处理系统，供后续数据处理使用，这一过程就是数据传输。数据传输的方式一般分为实时或近实时的数据流传输和事后的文件传输。

(4) 第四步：数据处理，将原始数据变为可用的产品

卫星原始数据必须经过数据处理才能形成标准产品。一般卫星原始数据处理主要包括0级数据生成、数据编目处理、数据存储与管理、数据产品生成等。针对每一颗遥感卫星，地面站的数据处理系统都需要具备对应的数据处理算法，能够生成符合标准规范的数据产品。同时，出于数据安全的考虑，需要建立卫星数据在异地的备份存储，并能够相互检索、快速恢复，有效保证这些珍贵的卫星数据的安全。

遥感图像处理系统是地面站的重要组成部分，包括高性能计算机硬件系统和功能化、定制化的软件系统。早期的遥感图像处理系统的主要功能是对地面接收站接收、记录的数据进行系统辐射校正和几何校正处理，生成标准图像产品。近年来，遥感图像处理系统逐步向自动化、智能化、工程化和规模化方向发展，从单机到多机并行甚至云服务，可处理的产品种类越来越多、级别越来越高。此外，地面站往往配备光学成像系统，实现数字图像向光学照片的转换输出。

图4-6 遥感卫星专用数据处理系统

知识链接

光学遥感卫星数据产品分级 一般情况下，按照国内的定义，卫星地面接收站服务分发的标准数据产品（以光学遥感卫星数据为例），分为0～4级。

（1）0级产品：经过编目处理，以地面参考网格为单位（景）分割的数据子集。

（2）1级产品：0级产品经过辐射校正处理，并经过必要的数据配准，也称辐射校正产品。

（3）2级产品：0级产品经过辐射校正和几何校正处理，对成像过程中的图像畸变进行校正，并将校正后的图像影射到适当的地图投影下，也称几何校正产品、系统级几何校正产品。

（4）3级产品：0级产品经过辐射校正和几何校正处理，同时引入地面控制点，修正2级产品处理过程中的几何校正参数，以提高数据产品的几何精度，并将校正后的图像影射到适当的地图投影之下，也称精校正产品。

（5）4级产品：0级产品经过辐射校正和几何校正处理，同时引入地面控制点和数字高程模型，修正2级产品处理过程中的几何校正参数，以提高数据产品的几何精度，消除由于地形起伏造成的视差效果，并将校正后的图像影射到适当的地图投影下，也称正射校正产品、高程校正产品。

(5) 第五步：数据服务，把产品送到用户手中

遥感卫星地面站的数据服务是把原始数据做成的数据产品提供给国内外各行各业的相关用户。具体来说，就是对各类卫星遥感数据产品进行存储、管理，并分发到用户终端，提供数据服务。

目前一般通过网络数据查询与服务系统，开展对外数据服务，用户可检索、查询、订购、下载需要的卫星产品数据。国际上不少地面站，都开放了存档数据共享，促进各行各业遥感应用的蓬勃发展。

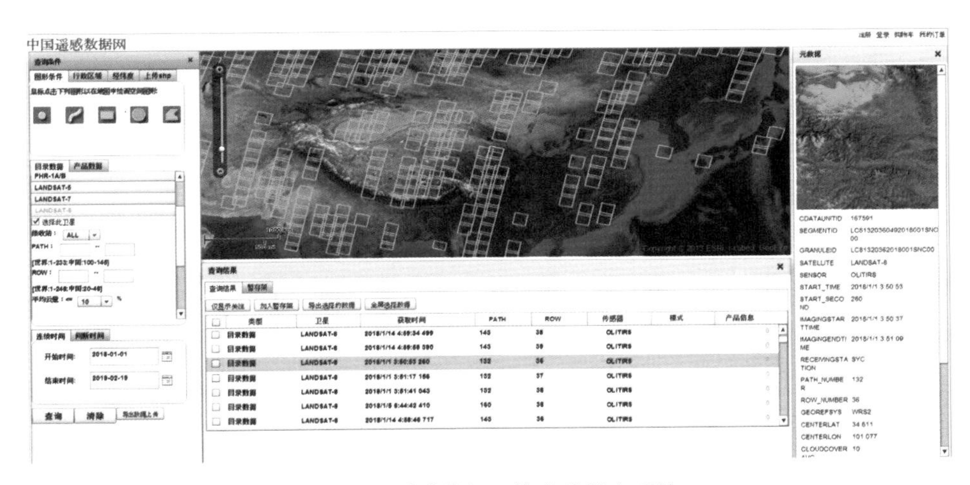

图4-7 遥感数据网络分发服务系统

(6) 第六步：运行管理，贯穿始终

地面站的以上五部分工作职能，分别由不同的技术系统承担和实现，它们就像一篇篇乐章，需要进行有序的组合，才能奏出完整恢宏的交响乐。在地面站中，运行管理就是各个系统、环节之间的总体控制和管理调度的中枢，负责接收计划，规划调度接收资源（天线、解调器、记录器等），下达任务，并对任务的执行过程进行监视和跟踪，实现整个地面站的自动化和协同运行。

第五章 从无到有 重器铸成

北京郊外，密云一隅，一个大院圈住几部巨大的天线，与周围景色形成鲜明对比。

这里就是密云卫星数据接收站——中国遥感卫星地面站的第一个接收站。中国遥感卫星地面站的诞生，填补了我国在卫星遥感数据接收技术领域的空白，开创了我国遥感技术和遥感应用的新时代。

密云站的第一部10米大口径卫星数据接收天线，于1986年投入运行。

1 百废待兴 只争朝夕

20世纪70年代后期，我国只有返回式卫星，没有数据传输型的遥感卫星，更没有遥感卫星地面站，无法直接接收别的国家的遥感卫星数据，只能购买国外已经接收、存档的卫星数据，购买难度大，数据时效性也差，远远无法满足日益增长的国家经济建设的需要。什么时候能有自己的地面站？这是每个遥感科技工作者和行业部门的心声。

知识链接

● **返回式卫星** 在轨道上完成任务后，有部分结构会返回地面的人造卫星。返回式卫星最基本的用途是照相侦察。相比航空照片，卫星照片的视野更广阔、效率更高。早期由于技术所限，必须利用底片才能拍摄高清晰度的照片，因此必须让卫星带回底片或用回收筒将底片送回地面进行冲洗和分析。现在由于可从卫星上直接传送影像数据到地面，返回式卫星的功能又演变为根据需要回收实验品的空间试验室。

1978年8月21日，中科院向国家计划委员会（2003年改组后成立了国家发展和改革委员会）、国家科学技术委员会（1998年改名为科学技术部）递交了《关于从美国引进地球资源卫星地面站的报告》。仅一个月左右，报告相继得到了国家计划委员会、国家科学技术委员会及中央领导的批准，同意引进并建设中国的遥感卫星地面站。

1979年1月，邓小平在访美期间与美国卡特总统签订《中美科技合作协定》，其中包括中国拟引进美国卫星地面站设备。1980年1月，中科院严济慈副院长与美国宇航局弗罗歇局长在北京签订关于陆地卫星地面站的《谅解备忘录》。

中国拥有自己的遥感卫星地面站的日子，为时不远了！

2 创业艰辛 重器初成

1982年12月，中国科学院从美国系统和应用科学公司（SASC）正式引进陆地卫星地面站技术。与此同时，另外一支队伍已经开始着手地面站的建设工作。

1979年8月到1981年2月，地面站选址小组在北京周边地区进行实地勘察，收集气象、地质、地震、周围无线电干扰源等有关资料。进行综合评价后，地面站站址确定为密云县（今密云区）溪翁庄镇金叵罗村。1984年6月，密云站基建工程全部完成。

为方便全国用户来站查询和选购数据，中科院将地面站总部及卫星数据处理、存档、用户服务系统设在中关村地区的北三环西路45号。1985年11月，地面站总部改造工程全面竣工。2010年10月，迁入位于海淀区邓庄南路9号的新技术园区大楼。

1985年11月，地面站接收设备安全运抵密云站，天线吊装和电子设备的安装工作随后也很快完成，并于12月13日成功完成系统调试，第一次接收、记录到卫星数据。1986年4月，数据处理系统运抵总部安装调试，接收站和处理站的整站系统调试于当年5月中旬完成，并于当年12月4日通过了由国家计委组织的地面站验收鉴定。

1986年12月20日，中国遥感卫星地面站落成典礼隆重举行。

邓小平始终非常关心和重视地面站的引进和建设，在中国遥感卫星地面站建成之际，他欣然为地面站题写站名。

中国遥感衛星地面站

图5-1　邓小平题写的中国遥感卫星地面站站名

3　生机勃勃　花开满园

这座屹立在山峦之间的密云站，可谓我国遥感应用和产业化飞速发展的重要支柱。建成以后的十几年内，它负责接收美国、欧洲太空局、日本、加拿大、法国等发射的对地观测卫星的全部数据接收任务。直到1999年，我国第一颗遥感卫星——中巴地球资源卫星一号成功发射，次日，密云站成功接收其首轨卫星数据，自此，我国遥感用户开始使用自己的卫星数据产品。

但是，我国幅员辽阔，密云站的数据接收范围只能覆盖我国部分陆地国土面积，这种局面长期制约着我国陆地观测卫星地面系统发展和服务。尤其是1999年以后，随着我国空间对地观测事业的突飞猛进，密云站已经进入超负荷运行阶段。2005年，陆地观测卫星数据全国接收站网建设项目由国家发改委正式批复启动；2012年，资源三号卫星地面系统地面接收站网建设项目实施；同年，国家高分辨率对地观测系统重大专项、中国科学院空间科学战略性先导科技专项等陆续实施。借助于这些国家项目，历时10年的建设，地面站从最初的一个接收站（密云站），发展到了如今拥有国内外5个接收站的规模。其中，喀什站2008年建成，三亚站2010年建成，昆明站、北极站2016年建成。

中国遥感卫星地面站从1部天线发展到21部大口径卫星数据接收天线，从一个接收站发展到几个接收站，从国内站发展到海外站，一个由国内外5个站点组成的我国对地观测卫星与空间科学卫星数据接收站网形成了，规模体量和关键技术指标位居世界前列，实现了覆盖我国全部国土和亚洲70%陆地区域的实时数据接收能力，以及全球卫星数据的快速获取能力。

30年发展，一步一征程，地面站取得了巨大的进步。截至目前，地面站已接收过国内外40余颗遥感卫星的数据。

地面站刚建成时，接收美国Landsat-5光学卫星数据，其数据分辨率只能达到30米。

1993年，开始接收、处理欧洲太空局ERS-1和日本JERS-1卫星合成孔径雷达（SAR）数据。

1997年，开始接收加拿大Radatsat多模式、全极化、高空间分辨率数据。

2002年，开始接收和处理具备2.5米较高分辨率、观测模式灵活的法国SPOT-5卫星数据。

2015年，开始接收法国Pleiades卫星数据，其空间分辨率达到0.5米，是地面站迄今接收的最高分辨率的卫星数据。

1999年至今，我国发射的一系列对地观测卫星均由地面站负责接收，包括中巴资源系列卫星（CBERS-01/02/02B/04）、环境系列卫星（HJ-1A/1B/1C）、资源系列卫星（资源一号02C、资源三号、资源三号02）、实践系列卫星（SJ-9A/B）、高分系列卫星（GF-1/2/3/4/5/6）、电磁监测试验卫星等。

2011年，中科院空间科学战略性先导科技专项启动，地面站承担近地轨道空间科学卫星的接收任务，将数据接收业务从对地观测领域拓展至空间科学领域。

2015年开始，地面站相继成功实现了我国空间科学卫星——暗物质粒子探测卫星（DAMPE）、实践十号返回式科学实验卫星（SJ-10）、量子科学实验卫星（QUESS）、硬X射线调制望远镜卫星（HXMT）的数据接收。

与国际上大多数的地面站相比，我国地面站不仅卫星接收数量遥遥领先，而且具备S、X、Ka三频段卫星下行数据接收、高码速率接收［X频段最高支持2×800Mbps（兆比特/秒）、Ka频段最高支持4×1.5Gbps（吉比特/秒）］、高动态及低信噪比的卫星信号快速捕获与跟踪、多颗国内外卫星数据的实时记录、快视、传输能力（最高能够支持5通道总计3000Mbps的数据记录），接收技术位于国际领先水平。

中国遥感卫星地面站接收国内外卫星情况

编号	卫星名称	所属国家或组织	开始接收时间	当前接收
1	Landsat-5	美国	1986	
2	ERS-1	欧洲太空局	1993	
3	JERS-1	日本	1993	
4	ERS-2	欧洲太空局	1995	
5	Radarsat-1	加拿大	1997	
6	SPOT-1	法国	1998	
7	SPOT-2	法国	1998	
8	CBERS-01	中国、巴西	1999	
9	SPOT-4	法国	1999	
10	Landsat-7	美国	2000	
11	SPOT-5	法国	2002	
12	Envisat	欧洲太空局	2003	
13	CBERS-02	中国、巴西	2003	
14	Resourcesat-1	印度	2005	
15	CBERS-02B	中国、巴西	2007	
16	Radarsat-2	加拿大	2008	✓
17	HJ-1A	中国	2008	✓
18	HJ-1B	中国	2008	✓
19	THEOS	泰国	2011	
20	资源一号02C	中国	2011	✓

续表

编号	卫星名称	所属国家或组织	开始接收时间	当前接收
21	资源三号	中国	2012	✓
22	实践九号A星	中国	2012	✓
23	实践九号B星	中国	2012	
24	HJ-1C	中国	2012	✓
25	高分一号	中国	2013	✓
26	SPOT-6	法国	2013	✓
27	Landsat-8	美国	2013	✓
28	高分二号	中国	2014	✓
29	CBERS-04	中国、巴西	2014	✓
30	SPOT-7	法国	2014	✓
31	Pleiades-1A	法国	2015	✓
32	Pleiades-1B	法国	2015	✓
33	暗物质粒子探测卫星	中国	2015	✓
34	高分四号	中国	2016	✓
35	实践十号	中国	2016	
36	资源三号02星	中国	2016	✓
37	量子科学实验卫星	中国	2016	✓
38	高分三号	中国	2016	✓
39	硬X射线调制望远镜	中国	2017	✓
40	电磁监测试验卫星	中国	2018	✓
41	高分一号02星	中国	2018	✓
42	高分一号03星	中国	2018	✓
43	高分一号04星	中国	2018	✓
44	高分五号	中国	2018	✓
45	高分六号	中国	2018	✓

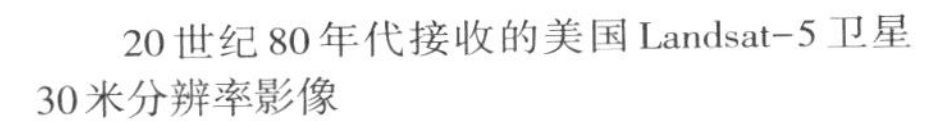

20世纪80年代接收的美国Landsat-5卫星30米分辨率影像

2014年接收的中国高分二号卫星0.8米全色+3.2米多光谱融合影像

图5-2 地面站接收的北京局部地区影像对比图

地面站早期记录存储国外数据及产品的介质是体积大、容量小的高密度磁带、计算机兼容磁带；后来逐渐发展成使用小体积、大容量的DLT磁带，但是这些磁带都需要用车辆运输到总部进行数据处理。

如今，数据的运输不再依靠手搬车运，而是通过各接收站到北京的高速数据传输专线。通过这些专线，数据可以及时、高效地传至北京总部进行处理。地面站仅用磁带类的介质做最后的存档，选用的介质已是最高存储容量达800GB（吉字节）的LTO磁带。

图5-3 早期的高密度磁带

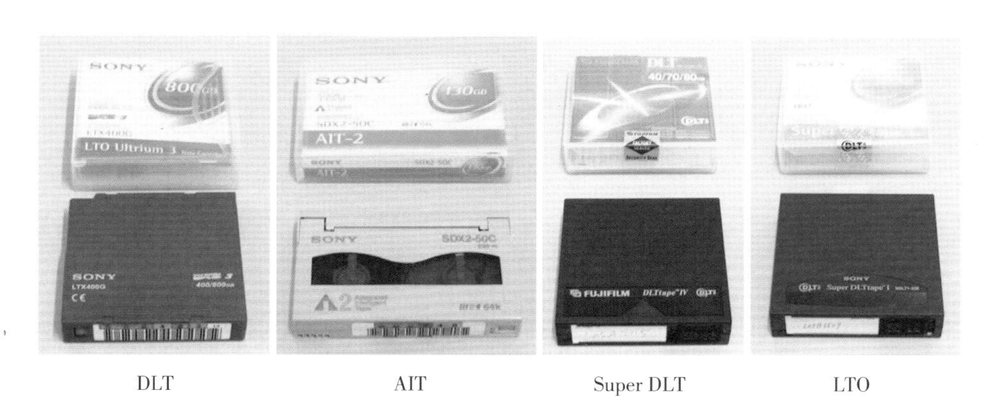

DLT　　AIT　　Super DLT　　LTO

图5-4　存档介质

地面站最初的数据处理系统均从国外引进。如今，地面站拥有多套符合国际标准规范的国外卫星数据处理系统，还自主创新研制出多元卫星海量数据处理与存储系统、Landsat-8卫星数据处理系统、遥感数据异地备份系统、航天航空综合数据存储处理与共享系统、喀什站综合数据处理与服务系统、三亚站公共支撑平台等多套处理系统。

早期，地面站没有面向用户的数据查询检索系统，数据的编目工作都是通过电子表格和纸质记录的方式完成。如今，地面站通过自主开发，拥有多套网络数据服务系统，实现了服务模式、服务产品的多样化。

过去，地面站主要通过邮件完成卫星数据接收计划的获取、卫星数据接收任务的下达及执行情况的反馈，如今，运行管理业务已实现高度自动化，能够对数据接收、记录、传输各业务系统的运行状态和任务执行情况进行实时监视、调度、控制。

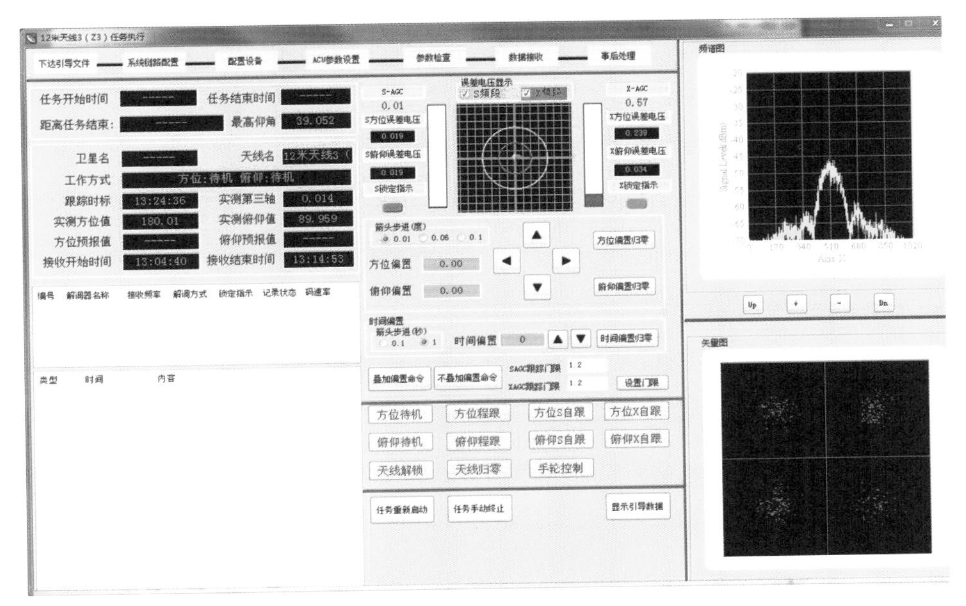

图5-5　中国遥感卫星地面站设备状态的远程实时监视与显示

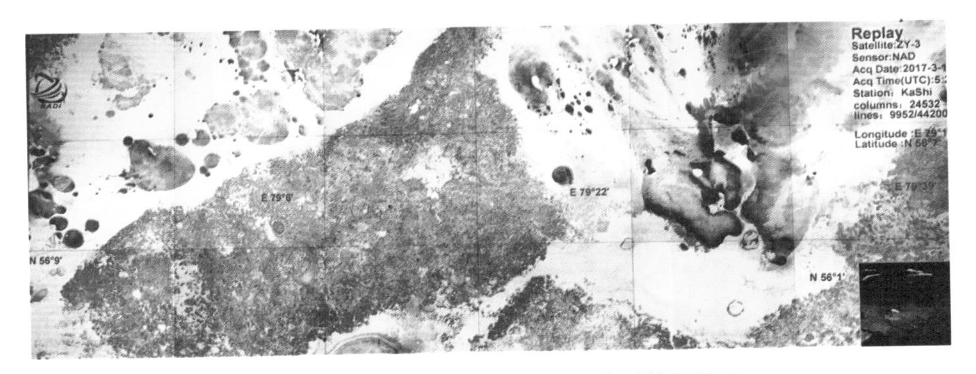

图5-6　中国遥感卫星地面站远程实时快视显示

未来，中国遥感卫星地面站将利用已有的设施资源和技术成果，进一步提升技术能力，扩大设施规模，建设更多的国内和境外接收站，为承担更多的卫星数据接收任务、提高国家空间信息保障能力、满足国家重大战略需求做好充分的准备。

中国遥感卫星地面站是国际资源卫星地面站网成员单位。截至2018年年初，中国遥感卫星地面站已具有“5站21天线”的接收能力，是中国重大科技基础设施。

北极站的12米S/X/Ka三频卫星数据接收天线系统。

中国遥感卫星地面站拥有密云、喀什、三亚、昆明、北极5个数据接收站，总计拥有21部大口径接收天线，具有覆盖我国全部国土和亚洲70%陆地区域的实时接收能力以及全球卫星数据的快速获取能力。接收站日均接收100多条轨道的卫星任务，年接收卫星任务时长超过30万分钟，数据接收成功率在99%以上。接收站是地面站的工作源头，主要完成对遥感卫星跟踪接收和记录等工作，其接收、记录的数据质量，对地面站后续工作有决定性作用。

接收站主要包括数据接收系统及其配套的记录系统等。其中，数据接收系统主要由天伺馈子系统、信道子系统、监控管理子系统、测试子系统和技术支持子系统等构成，而天线作为天伺馈子系统的核心组成，就像一口口仰望天空的大锅，是接收站的显著标志。

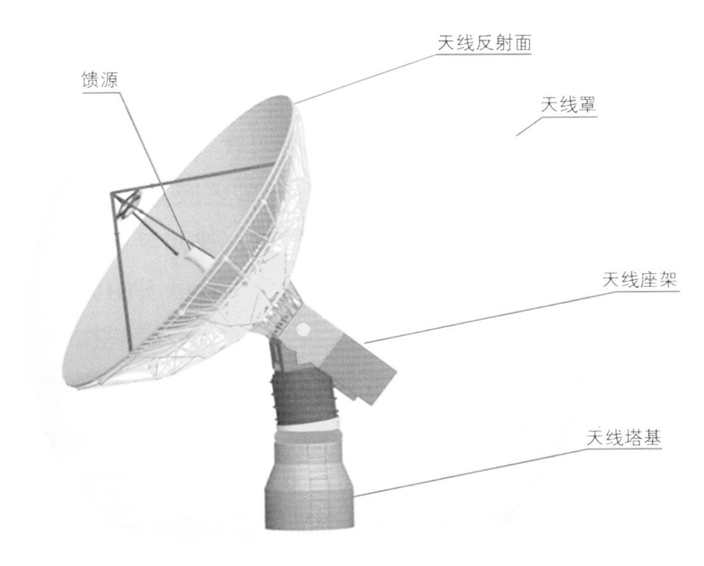

图6-1 遥感卫星接收天线结构示意图

知识链接

（1）天伺馈子系统是卫星数据接收系统的核心，主要包含天线、座架、馈源、驱动和伺服控制等部分。

（2）信道子系统提供卫星信号传递与处理的通道，包括跟踪通道和数据通道，用于完成卫星信号的传输、下变频、解调与译码，主要设备有变频器、解调器、切换开关以及光传输单元。

（3）监控管理子系统是接收系统的监控中枢。卫星经过遥感卫星地面站时，对接收站下传卫星数据信号，监控管理子系统控制接收天线跟踪指向卫星，驱动各设备协作完成卫星信号的跟踪与接收，由运行在通用计算机设备和服务器上的控制软件完成。

（4）测试子系统和技术支持子系统是数据接收系统的保障单元，为数据接收系统提供测试和技术支持手段。主要设备有调制器、频谱仪等测试设备，以及天线罩、UPS等技术支持设备。

建设每个卫星接收站，都需要先选定合适的站址，一般考虑远离市区的地方，周围不能有高大障碍物遮挡，还要避免无线电波干扰。中国遥感卫星地面站的5个接收站分布在国内外，各具特色。

1　燕山脚下密云站

密云站于1986年建成，实时接收范围覆盖我国中部地区、东北地区及相邻境外地区。密云站位于北京市密云县（今密云区）

溪翁庄镇金叵罗村，这里依山傍水，丘峦环绕，风景优美，视场开阔，仰角合适，电磁环境宁静。密云站的建成是我国遥感事业发展过程中具有里程碑意义的事件，此后，我国通过自主接收的卫星遥感数据开展科学研究及各项应用。

图6-2 现今拥有8部天线的密云站（张建国提供）

密云站占地8万余平方米，拥有2370余平方米设备机房、1400余平方米科研和办公用房以及400余平方米配套设施用房。经过多年发展，密云站现拥有5部12米、1部11米、1部10米和1部7.3米的接收天线及配套的数据接收、记录、传输等设备。

图6-3 密云站机房

密云站主要接收环境系列卫星、实践九号卫星、中巴资源系列卫星、资源系列卫星、高分系列卫星、电磁监测试验卫星、空间科学系列卫星的数据，同时接收美国的Landsat-8和NPP卫星、法国的SPOT和Pleiades系列卫星，以及加拿大的Radarsat卫星等国外卫星的数据。

图6-4 1986年密云站初建时的第一部天线(从美国引进的10米天线)

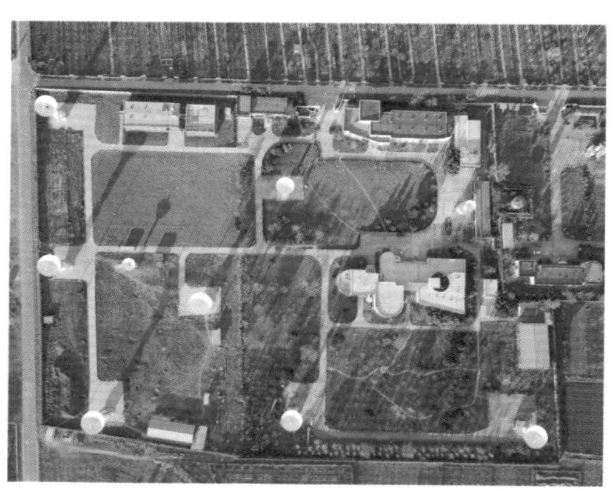

图6-5 无人机拍摄的密云站俯视图(周旭提供)

2 西部边陲喀什站

在喀什站建成之前，由于密云站接收范围的限制，我国还有很多地区属于遥感数据空白区。为此，经过考察，选定在新疆维吾尔自治区喀什市荒地乡库木巴格村建设新的接收站。

2008年初，喀什站建成并正式投入运行，实时接收范围覆盖我国西部地区及中亚邻国等区域，填补了我国在西部及周边地区长期缺乏卫星遥感数据的空白。

喀什站占地约13万平方米，拥有851平方米设备机房、627平方米科研和办公用房、759.5平方米配套设施用房。喀什站拥有5部12米接收天线、1部7.3米可搬移接收天线，以及配套的数据接收、记录和传输设备。

图6-6 现今拥有6部天线的喀什站（2014年拍摄，张建国提供）

图6-7 喀什站机房

喀什站主要接收20余颗国内外卫星的数据，包括我国的环境系列卫星、实践九号卫星、中巴资源系列卫星、资源系列卫星、高分系列卫星、电磁监测试验卫星、空间科学系列卫星的数据，同时接收美国的Landsat-8卫星、法国的SPOT和Pleiades系列卫星等国外卫星的数据。

图6-8 喀什站建成时的第一部12米天线（张建国提供）

图6-9 风沙中的喀什站园区（2016年拍摄，王建平提供）

图6-10 2018年加装天线罩工程实施后的喀什站（王建平提供）

知识链接

“大白球”天线罩 接收天线在露天工作，如果长期遭遇台风、暴雨、强降雪、沙暴等恶劣天气，会导致精度降低、寿命缩短和工作可靠性差等问题。天线罩具有良好的电磁波穿透特性，能经受外部恶劣环境，为天线提供防护。

3 天涯海角三亚站

当你晚间乘坐航班，即将在三亚凤凰机场降落时，向下会看到一只明亮的“眼睛”凝望着星空，这就是夜空下的三亚站。

图6-11 三亚站夜景（周旭提供）

三亚站位于海南省三亚市天涯镇黑土村，于2010年建成，实时接收范围首次扩展到南部海疆，实现了该区域完全覆盖，解决了我国南海和周边区域长期缺乏遥感卫星数据的问题。

图6-12 拥有5部天线的三亚站（张建国提供）

三亚站占地53333平方米，建有1352平方米设备机房、682.6平方米科研和办公用房以及685平方米配套设施用房。三亚站拥有5部12米接收天线及配套的数据接收、记录和传输设备。

三亚站主要接收20余颗国内外卫星数据，与密云站、喀什站共同承担我国环境系列卫星、实践九号卫星、中巴资源系列卫星、高分系列卫星、资源系列卫星、电磁监测试验卫星、空间科学系列卫星及美国的Landsat-8等卫星数据的接收任务。

图6-13　三亚站机房

2017年3月，三亚站以科技内容、旅游资源、环境容量、基础设施、市场潜力等方面的优势，入选国家旅游局“首批中国十大科技旅游基地”，以科技支撑旅游发展、旅游促进科技传播为特色，为国家大科学装置建设做出贡献。

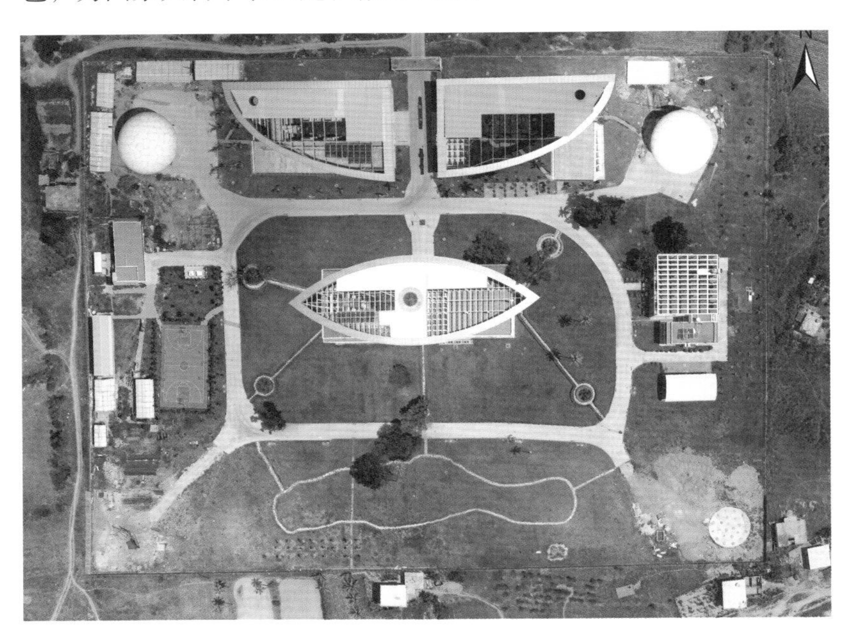

图6-14　三亚站园区航拍图

4 高原春城昆明站

昆明站于2016年5月投入试运行，是目前部署在中国科学院云南天文台园区内的一个移动站。未来，将在云南省丽江市玉龙县太安乡建设固定接收站，以增强西南地区的数据接收能力。

昆明站是一个小型移动地面接收站，是我国第一次采用远程控制自动化运行模式的接收站，也是第一个无人值守的接收站。昆明站的实时接收范围覆盖我国西南地区以及周边地区，有效解决了低轨卫星在我国西南地区及周边地区卫星数据的获取问题。昆明站主要接收我国高分系列卫星、资源系列卫星、电磁监测试验卫星的数据。

昆明站由一部7.3米接收天线和一个小型数据接收方舱组成，接收天线架设在一辆移动车上，小型数据接收方舱里面有设备机柜、配电柜、UPS控制柜等设备，整套系统可谓“麻雀虽小，五脏俱全”。北京总部下达任务后，昆明站自动化执行任务。通过远程操控的方式，总部能对站里的系统健康状况进行诊断与维护。当地的工程人员也会定期对系统进行现场检查，以确保系统正常运转。

图6-15 昆明站（张建国提供）

5 冰天雪地北极站

北极站于2016年12月建成，坐落于瑞典基律纳航天中心。该地区在北极圈以北约200千米处，是以冰雪世界和极地极光著称的旅游胜地。北极站是我国第一个海外的陆地观测卫星接收站，也是无人值守的接收站。北极站的建成，将我国陆地观测卫星地面接收站网拓展至极地地区，充分利用北极优越的地理位置，实现对极轨卫星的高频次捕获与数据获取，大大增强了我国对全球遥感数据的获取能力。

图6-16 北极站（韦宏卫提供）

北极站拥有一套12米S/X/Ka三频卫星数据接收天线系统，采用远程控制自动化运行模式。在北极站，与天线系统配套的是一个44平方米的封闭式方舱，封闭式方舱里面有设备机柜、配电柜、UPS控制柜等。与昆明站类似，北京总部可以给北极站下达任务并远程监控任务的执行，能对系统健康状况进行远程诊断和维护。当地的工程人员会定期对系统进行现场检查，共同确保系统正常运转。北极站目前主要接收我国高分系列、资源系列等卫星数据。

图6-17 北极站12米天线（黄鹏提供）

图6-18 北极站12米天线和设备方舱（黄鹏提供）

极轨卫星绕地球运转的每一圈都会经过北极地区上空。每当卫星经过北极站时，都能把获取的数据下传给北极站，这样就极大地增加了卫星数据的下传次数。北极站的建成使得中国遥感卫星地面站获取全球任意地区数据的平均时间间隔缩小到2小时内，极大地提高了数据获取的时效性。

为了应对地域偏僻、气候恶劣、工作条件艰苦等挑战，北极站在工程建设方面突破了一大批关键技术。北极站的建成，标志着我国接收站相关工程技术已达到国际先进水平。

第七章 渠清如许 源头活水

如果把宝贵的遥感卫星数据比喻为各行业部门所期盼的甘泉，那么中国遥感卫星地面站就是把甘泉送到广大用户手中必不可少的源头。地面站将来自各接收站的遥感卫星观测数据，经“运行管控中心”的调度和管理，历经“数据高速公路”“数据档案馆”“数据产品工厂”“数据服务窗口”，最终将遥感卫星数据产品送到国内外行业用户手中。

多年来，地面站以稳定的运行管理、高效的数据传输、庞大的数据归档存储、先进的数据产品处理、优质的产品服务，成为各行业数据应用最依赖的数据源，赢得了国内外用户的信任。

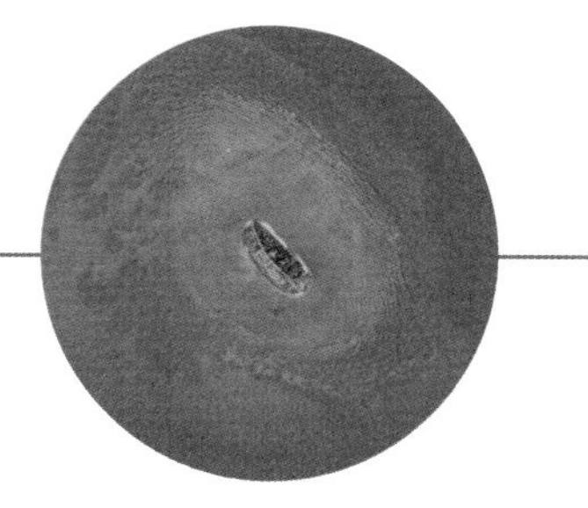

中国遥感卫星地面站接收并处理的高分二号卫星融合影像产品——郭谦沙洲。

1 地面站的“数据高速公路”

地面站拥有全自动化的数据传输系统，就像一条条“数据高速公路”，把各接收站和北京地面站总部紧紧地联系在一起，将接收站接收、记录的每一轨卫星数据高效、及时地传送至北京地面站总部。目前，密云站至北京地面站总部之间建有带宽为10Gbps的高速数据传输专用链路；喀什站、三亚站至北京地面站总部之间建有155Mbps和622Mbps两种带宽的高速数据传输专用链路；昆明站至北京地面站总部之间建有200Mbps带宽的高速数据传输链路；北极站至北京地面站总部之间建有450Mbps带宽的国际互联网数据传输链路。

有了这些高速数据传输链路，总量为60GB（相当于一轨接收时长约10分钟的高分一号卫星的数据量）的遥感数据可以在5分钟内从密云站传送至北京地面站总部；同样大小的数据可以在15分钟左右从喀什站或三亚站传送至北京地面站总部；即便是遥远的北极站，也仅需40分钟左右，就可以将数据传送至北京地面站总部。

数据传输系统进行上述高速网络传输时有非实时传输和实时传输两种方式。非实时传输指卫星数据完成整轨卫星数据记录之后，再进行数据传输；实时传输指在卫星数据记录的同时进行传输，可谓VIP级别的传输。

通过地面站的数据传输系统，各接收站每月向北京地面站总部传输约124TB（太字节）数据，再由北京地面站总部分发至各业务节点及用户部门。截至2018年年底，数据传输系统共完成网络传输的数据总量约11PB（拍字节）。

图7-1 数据传输系统控制中心

② 地面站的“数据档案馆”

地面站专门针对国外卫星的原始数据、存档数据进行长期保存和管理，跟“数据档案馆”里的归档工作一样，为后续的数据检索、发布、处理、共享以及分析再使用创造基础条件。地面站数据的归档过程，主要包括数据整理、数据编目和数据存储3个环节。

（1）数据整理

各接收站传来的遥感卫星数据，不能直接用于后续的数据处理及数据服务，必须先进行一系列的数据整理工作，包括同步、解扰、译码、格式整理等，最终生成图像数据文件和辅助数据文件等一组数据文件。上述数据整理的过程，就是生成0级数据的过程。

（2）数据编目

接着，要对整理过的遥感卫星数据进行定位，并映射到规定的地面分景网格中，同时对数据进行编号，建立数据目录。对卫星遥感数据而言，最常用的数据编目单元是“景”，也就是将遥感数据在空间上划分成一系列单元，每个单元对应地面相对固定的区域。数据编目后，会生成以“景”为单位的元数据和浏览图，这些信息被保存在系统数据库中，生成数据目录，供用户检索和被后续数据处理等环节访问。在数据编目过程中，还会对遥感数据进行必要的质量评估，包括云和冰雪覆盖量的评估，图像是否有缺行、噪声等质量信息的评估。

知识链接

- **元数据** 元数据是对卫星遥感数据的描述，包括卫星、遥感器的名称、数据成像时间、遥感器工作模式、数据位置、成像时太阳的高度角与方位角以及数据的质量信息等。
- **浏览图** 浏览图是降分辨率的遥感图像，反映成像地区的基本形态，可作为后期数据存储与管理以及数据检索的参考。

（3）数据存储

数据存储是指对遥感卫星数据及其编目信息的存储。其中，卫星数据的存储通常以磁带为最终介质和存储形式，而编目信息则以数据库形式进行存储。

地面站自主研发了多元卫星海量数据处理与存储系统、遥感数据异地备份系统等，专门负责国外卫星原始数据的归档、存储，目前已经使用了存储容量达800GB的LTO磁带介质。截至2018年年底，地面站存储各类磁带3000多盘，共保存了近62万条轨道的遥感数据，原始数据总量达800TB，各种卫星数据资料360多万景，为国家积累和保存了1986年以来30余年极其珍贵的对地观测数据资料。

3 地面站的“数据产品工厂”

地面站的数据预处理系统和数据深加工系统，就是一个对遥感卫星数据进行处理的“数据产品工厂”。数据预处理系统主要对数据进行辐射校正和几何校正等，从而变成我们可以看懂的卫星图像，如实地反映不同物体在不同电磁波段下的影像。数据深加工系统主要针对用户需求，为特定用户和行业提供多种遥感数据系列化专题产品。

（1）数据预处理系统

遥感卫星数据的预处理，是以0级数据为基础，按预定的规则和算法，主要进行辐射校正和几何校正，消除遥感数据中由于各种原因造成的数据失真和畸变，并将图像数据投影在预定的坐标系中，再将处理后的图像数据按规定的格式编排，如常用的Geo-Tiff、JPEG等，最后打包通过网络输出到用户指定位置。

知识链接

- **辐射校正** 为了正确评价地物的电磁波特性，需要消除众多因素带来的遥感数据中的辐射畸变，使遥感数据能够真实反映地物电磁波的强度和分布的过程，分为相对辐射校正和绝对辐射校正两种。
- **几何校正** 遥感成像时，遥感平台(卫星、飞机)的位置、姿态、高度、速度以及地球自转等因素的影响，会导致遥感图像相对于地面目标发生几何畸变。这种畸变表现为遥感图像的像元相对于地面目标的实际情况发生挤压、扭曲、拉伸和偏移等。针对遥感图像的这些几何畸变进行的误差校正就叫几何校正。

数据预处理系统以服务器和磁盘阵列为核心，配有大量专用、常规外围设备和各种应用软件。中国遥感卫星地面站拥有多套处于世界先进水平的卫星数据预处理系统，具备全球统一和规范的数据处理算法与产品格式，能以最快的速度实现数据接收后的产品处理，为全国用户提供近实时的数据支持。目前运行的10套数据预处理系统包括SPOT-5/6/7产品处理系统、Landsat-8产品处理系统、Pleiades产品处理系统、MPGS系统等。

Landsat-8产品处理系统是地面站首次自主研制的世界主流先进卫星处理系统，于2013年投入运行，可在10分钟内完成单景卫星产品的处理，在卫星过境后4小时内，完成全部数据的处理和产品生产，产品皆通过美国地质调查局（USGS）认证，进入全球Landsat共享分发系统。

0级数据影像图

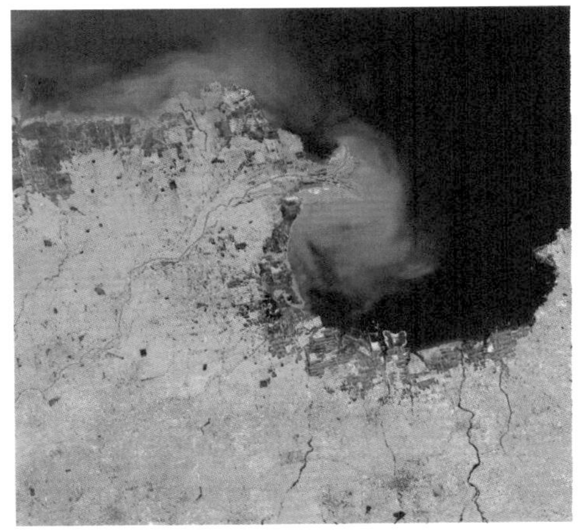

处理后的4级影像产品图

图7-2 Landsat-8卫星数据预处理前后对比图（陈勃提供）

多年来，地面站共处理20多颗国际先进遥感卫星的数据产品，数据产品的规格和质量与国际同类产品完全一致，目前每月处理产品任务量超过6000多景。

（2）数据深加工系统

如果把卫星遥感原始数据比喻成麦子，那么卫星遥感数据深加工就是把麦子加工成面粉、馒头、包子等具有高附加值产品的过程，从而满足不同用户的需求。

卫星数据深加工服务系统包括数字深加工系统和图像输出系统两大部分。数字深加工系统主要由高性能图形工作站、文件管理系统和专用多源卫星遥感图像处理系统构成；图像输出系统主要由LightJet430图像激光输出设备和光学冲洗装置组成。其中，PCI、ENVI、ERDAS、ARCGIS、Inpho、GXL以及正图影像处理系

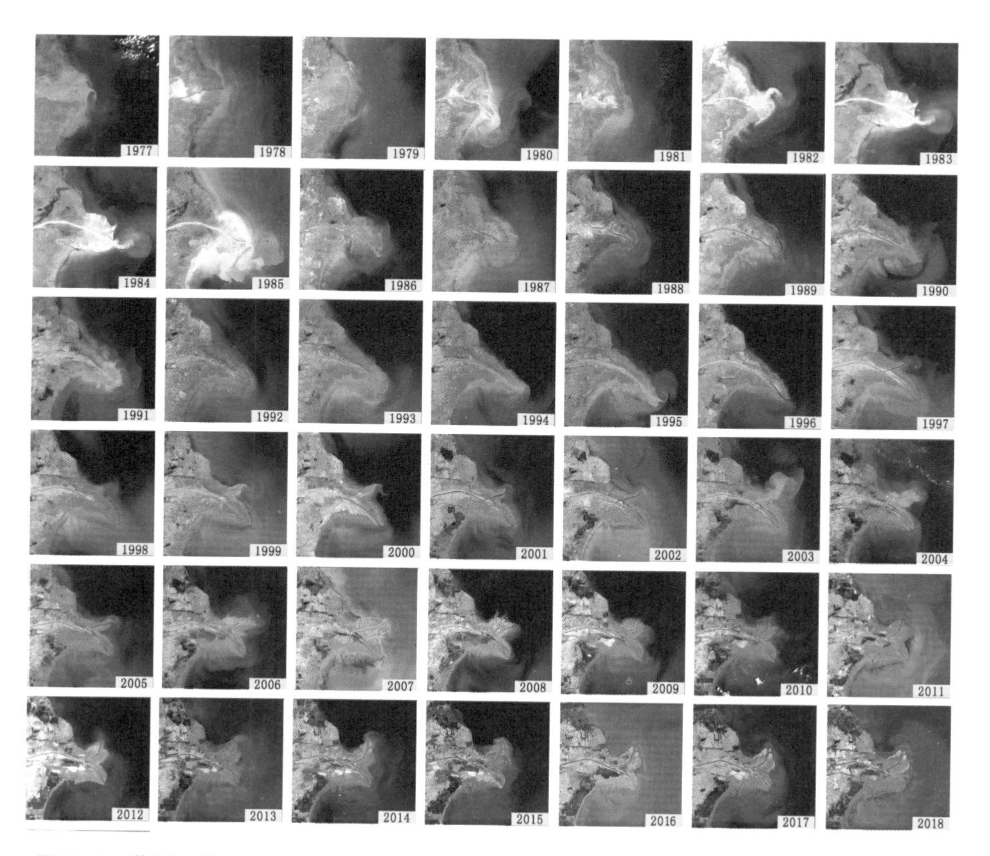

图7-3 黄河入海口1977—2018年的Landsat卫星时间序列正射影像图（何国金提供）

统等，可完成常用卫星数据的输入输出、辐射校正、几何校正、图像增强、融合、分类以及分幅等处理；自主建成的即得即用（Ready To Use, RTU）产品自动化生产系统，具备生产符合国际标准规范的高精度、长时间系列的卫星深加工产品能力，这些产品均可通过对地观测共享计划免费共享给国内外用户。

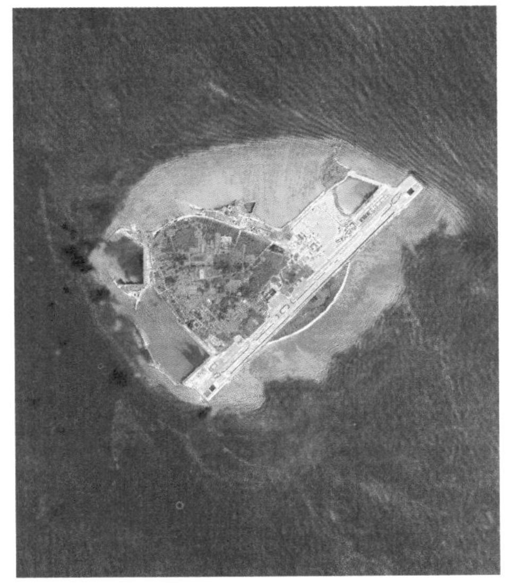

图7-4 2016年高分一号卫星永兴岛影像（2米全色和8米多光谱融合）（刘慧婵提供）

图7-5 2016年Pleiades-1B卫星天津滨海航母主题公园影像（0.5米全色和2米多光谱正射融合）（陈俊提供）

图7-6　2018年高分二号卫星北京大兴国际机场影像（0.8米全色和3.2米多光谱融合）（何国金提供）

4　地面站的“数据服务窗口”

图7-7　地面站数据服务的导航页面

如果把地面站的遥感数据预处理和深加工看成是“产品工厂”，那么遥感数据服务系统就是满足用户产品需求的“数据服务窗口”。

地面站的数据服务系统依托主流的WebGIS技术、空间数据库技术和网络技术进行构建，以IDS系统、EDS系统、SatSee系统等为代表，实现了24小时不间断的遥感数据可

图7-8 数据服务系统硬件设施平台

视化空间查询、浏览、产品订购、在线交付与共享下载等多种服务功能。

通常，地面站提供遥感卫星产品定制和数据开放共享两类服务。

(1) 遥感卫星产品定制服务

①成像获取服务

地面站根据用户提出的卫星成像观测需求（包括感兴趣区域、成像时间、成像模式等）制订数据编程方案，提交卫星机构。当卫星“过境”时，地面站会根据来自卫星机构的卫星数据接收计划开始接收数据并尽快后续处理。一旦产品处理完成，用户便能收到消息通知，去“中国遥感数据网”下载自己需要的产品。

②定制化处理服务

用户可以从地面站存档的大量卫星遥感历史数据资料中，选择需要的素材数据，提出个性化定制需求（如期望的投影方式、拼接方式、融合方式等），得到满足需要的最终产品。

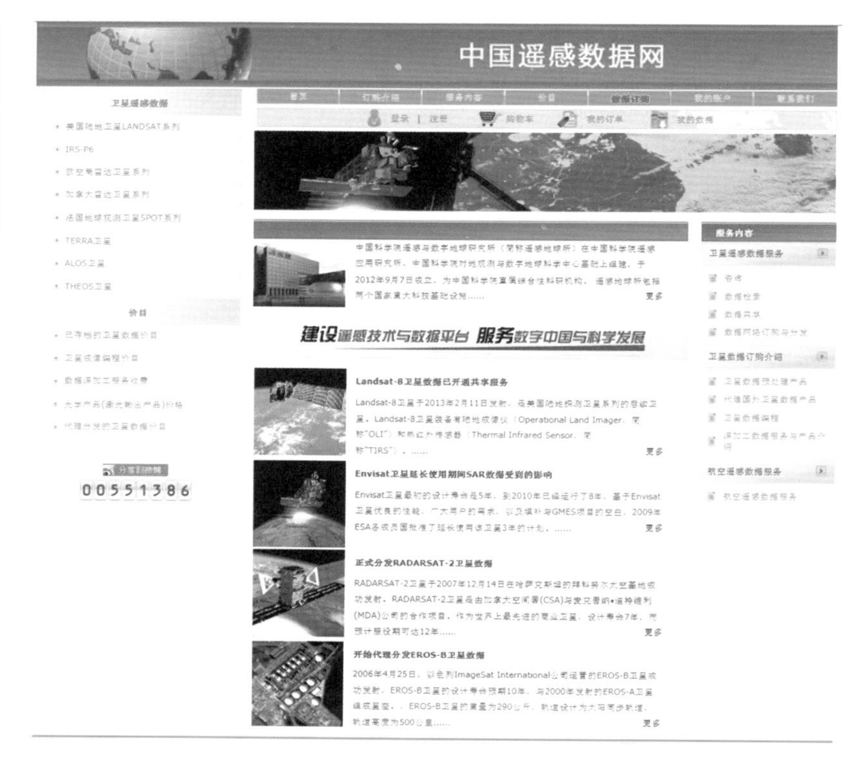

图7-9　地面站的中国遥感数据网

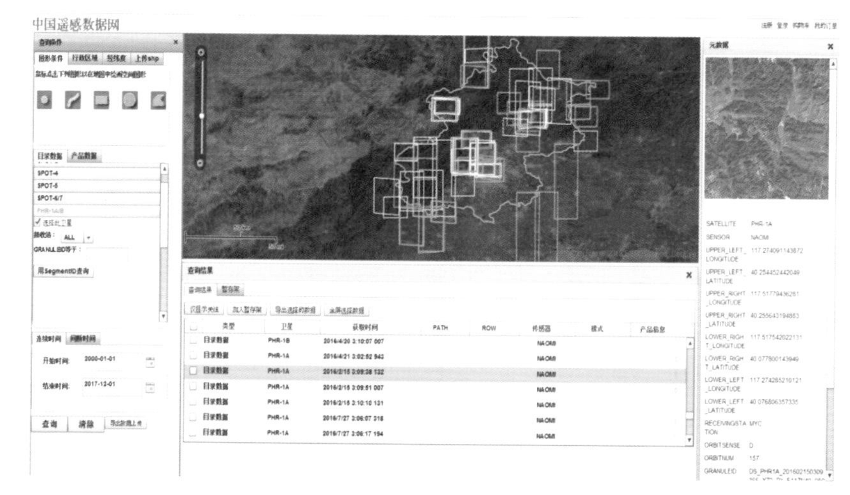

图7-10　存档数据检索和在线订购服务页面

(2) 数据开放共享服务

2011年，地面站开始实施“对地观测数据共享计划”，即通过网络免费下载和面向国家重大项目的专项共享服务协议两种形式，将Landsat-5、Landsat-7、Resourcesat-1、ERS-2、Envisat等中等分辨率的卫星遥感数据向全国开放共享。这标志着地面站的服务模式转变为数据共享占核心地位的公益服务。2013年，地面站开始共享所有接收、处理的Landsat-8卫星数据；2017年，地面站继续加大共享力度，在增加已有6颗卫星数据的共享数据量的基

图7-11　对地观测数据共享计划门户网站

础上，再新增ERS-1、THEOS卫星和IRS-P6 MX/MN模式的数据共享，年度新增数据近5万景，新增数据量超过70TB。共享计划为国家重大项目以及广大网络平台用户提供的中、低分辨率数据共享服务，使得大量数据经费相对短缺的科研教学任务和国家项目得以顺利开展实施，取得了显著的社会效益，得到了用户的广泛好评。

2016年，为满足遥感数据高级产品应用的迫切需要，地面站建立RTU产品共享服务系统（http://ids.ceode.ac.cn/rtu）。截至2018年，已发布的共享产品包括正射校正、融合、镶嵌、星上反射率、星上亮度温度、归一化差值植被指数、归一化差值水分指数、归一化燃烧指数、全球环境监测指数、植被覆盖度、地表反射率、地表温度等18种深加工产品共计5万多景的全球数据。未来，地面站将继续加强RTU产品库建设，进一步增加产品时相，扩大产品种类，产品的空间范围也将逐步扩展到全球，从而为一带一路倡议、美丽中国等国家战略的实施提供空间数据与信息支撑。

截至2018年年底，地面站在线存档的标准数据产品超过30万景（其中开放共享的超过26万景），总数据规模超过350TB，网站注册用户数3.5万余人，对外数据分发服务总量超过400TB，为各类用户提供了可靠、高效、优质的卫星遥感产品数据服务保障。

地面站除了将接收、处理的数据产品进行服务和共享，还积极参与地球观测组织（Group on Earth Observations, GEO）相关工作，于2016年推出国家综合地球观测数据共享平台，并持续推动国产卫星元数据汇交和实体数据授权。共享平台汇聚来自国内外多家卫星机构的多种遥感卫星数据。截至2018年年底，汇聚的元数据超过2900万条，精选实体数据量超过525TB，代表我国向全球综合地球观测系统（GEOSS）累计共享超过230万景优质数据。平台在2016年新西兰凯库拉地震，2017年墨西哥地震和伊拉克地震、2018年萨摩亚、汤加、纽埃、新西兰、老挝、印度尼西亚等6个国家的洪水、地震、海啸和飓风等重大自然灾害应急数据援助工作中，灾后第一时间向受灾国，联合国机构（UNOSAT）、综合地球观测组织（GEO）、国际科学数据委员会（CODATA）、科学减灾国际合作计划（IRDR）等国际组织提供了大量的灾后观测数据，得到了国际社会的高度赞扬，被GEO秘书处列为全球九个主要灾害数据贡献者之一。

图7-12 中国GEO国家综合地球观测数据共享平台

5 地面站的“运行管控中心”

地面站的运行管理系统，具有对极轨遥感卫星、静止轨道遥感卫星、空间科学卫星等20多颗国内外卫星业务运行的管理能力，是整个地面站的运行管控的核心与中枢。它对内统管地面站所有业务系统，对外与加拿大MDA、美国USGS、法国AIRBUS等国外卫星机构及中国资源卫星应用中心、中科院国家空间中心、国家应急管理部减灾中心等国内卫星机构进行业务接口交互。

一方面，运行管理系统负责将从国内外卫星机构获取的卫星数据接收计划与地面站各系统的设备资源约束能力和运行规则相匹配，生成卫星数据接收任务，下达给地面站数据接收系统、记录系统、传输系统、质量监测系统等执行，并对任务的执行情况进行监视、跟踪和统计分析。简单来讲，是通过接收任务驱动业务系统完成卫星原始数据接收的过程，需要消解接收资源（接收天线、解调器、记录器等）的重叠及冲突，合理、均衡地利用地面接收资源。

另一方面，运行管理系统负责根据用户订单，生成产品任务，驱动各业务系统完成产品处理和分发，并对任务的执行情况进行监视、跟踪和统计。简单来讲，是将用户订单转变为产品任务的过程。

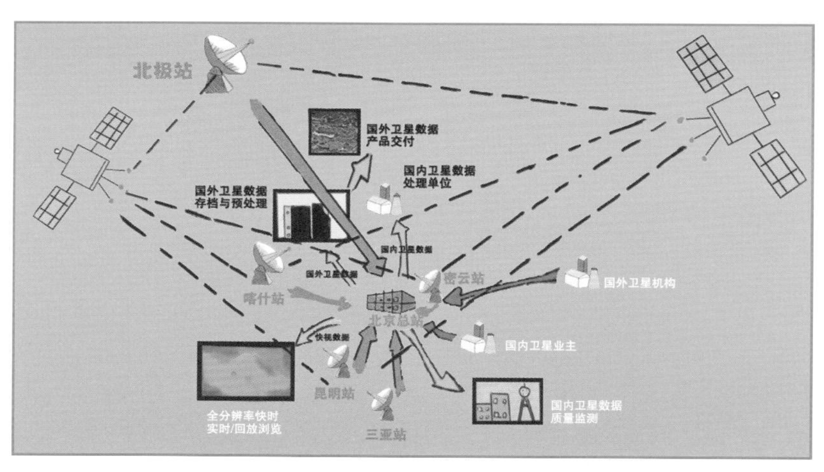

图7-13　地面站“运行管控中心”业务工作示意图

中国遥感卫星地面站拥有上千家用户，提供的卫星资料广泛应用于国土资源调查、农林普查、城市规划、环境监测、地质勘探、灾害监测、海上溢油和环球搜救等众多领域，产生了巨大的社会效益、经济效益和环境效益。

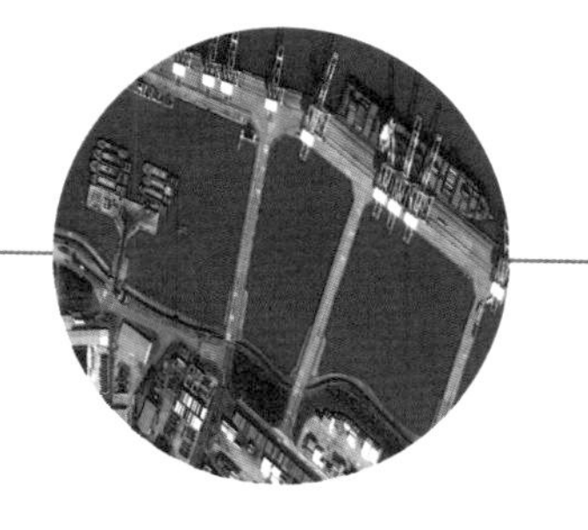

中国遥感卫星地面站接收并处理的Pleiades卫星融合影像产品——上海黄浦江码头。

1 国土资源 一目了然

(1) 国土资源遥感大调查

国土资源包括土地、江河湖海、矿藏、生物等自然资源。

为了测量、分析和评价土地数量、质量、分布及利用状况，1999年以前，我国往往采用现场踏勘、航片判读、调绘或地形图补测的方式，利用仪器法、交会法、辐射网络法、方格法等转绘方法，将补测或航片调绘的内容转绘到工作底图上，再根据底图量算面积、编制土地利用现状图、编写土地资源调查报告等。这要消耗巨大的人力、物力、财力和时间，但往往是调查进度赶不上发展速度，其结果多有纰漏。例如，第一次全国土地调查历时十年之久，十年间国土资源始终处于动态变化中，前几年统计的数据需要及时更新。

采用遥感卫星对地观测的优点是多、快、好，最突出的优点是依据遥感卫星图像，国土资源一目了然，便于利用计算机技术在所要求比例尺的地形图上量算面积、标注分布、质量评价。

1999年，国土资源部开始借助遥感卫星进行“拉网式”的土地执法检查，使以往难于把握的土地违法、违规、瞒报问题得到了有效控制。此后，国土资源部成了中国遥感卫星地面站的最大用户。

2005年，国土资源部采用中国遥感卫星地面站提供的数据，对全国55个50万人口以上城市和285个区（县）实施监测，监测面积达10万平方千米。2007年，国土资源部开展了第二次土地调查，主要采用中国遥感卫星地面站提供的2.5米分辨率的SPOT-5卫星数据影像，仅用了不到三年的时间，就全面查清了全国土地资源及利用状况，掌握了真实准确的土地基础数据。这为国家科学规划、合理利用和有效保护土地资源，特别是实施最严格的耕地保护制度提供了依据。2010年，国土资源部启动了“全国土地利用变更调查监测与核查项目”，依据中国遥感卫星地面站接收的SPOT-6/7卫星和分辨率高达0.5米的Pleiades系列卫星数据，开展多年遥感监测，建立了集全国遥感影像、土地利用现状、土地利用变化以及基础地理等多元信息于一体的全国“一张图”。未来，在全国第三次土地调查时，地面站Pleiades系列的高分辨率卫星数据影像，将继续支持土地利用现状调查工作。

（2）卫星遥感监测地面沉降，为国家重大工程提供保障

2012年，中国国土资源航空物探遥感中心开展了全国地面沉降InSAR监测项目，这是“十三五”期间全国地面沉降动态监测与摸底调查工作的重点项目之一。

该项目利用中国遥感卫星地面站接收、处理的Radarsat-2卫星数据作为InSAR时序分析的主要数据源，用于实现全国不同层次、不同需求的地面沉降调查监测。项目完成地面沉降全覆盖调查与监测范围总计75万平方千米，完成了京津高铁、京沪高铁、南水北调工程、沪杭高铁、西气东输等重大工程全线地面沉降调查监测，为国家重大工程提供监测保障；项目通过对重点城市群开展连续动态监测，获取并形成了大量宝贵的基础数据，有力地支持了国家的京津冀一体化与泛长三角等重大战略。

（3）利用遥感卫星数据，全面摸清中国地理国情家底

2013年，原国家测绘局开始我国第一次全国地理国情普查工作，历时3年，全面摸清了地理国情家底，首次取得了全覆盖、无缝隙、高精度的普查成果。这项工作一方面了解了我国地表自然资源要素基本情况，包括耕地、林地、草地、湖泊、荒漠和裸露

地表、冰川等位置、范围、面积等信息；另一方面也查清了与人类活动相关的交通网络、居民地与设施、地理单元等人文地理要素基本情况，掌握其类别和位置。

“十三五”是推动普查成果应用、全面开展常态化地理国情监测工作的关键时期，地面站将继续提供接收的空间分辨率最高为0.5米的Pleiades卫星数据，继续服务于国情监测常态化项目，利用丰富的存档影像库，为有序开展常态的地理国情普查提供数据保障。

2 环保监测 防治高效

环境监测是环境保护必不可少的基础性工作。过去，开展环境监测，如在某处开展大气和水质监测时，一般是现场取样或者放置自动监测装置记录污染状况。这两种方法的共同点是都必须有人到现场去取样或保养监测装置，且监测范围有限。我国幅员辽阔，仅凭这样的方法很难实现全方位监测，而且及时性也难以保证。

借助现代科技完成环境监测这种宏大的系统工程，遥感技术必不可少。中国遥感卫星地面站为环境监测工作提供了大量数据及决策支持。

（1）环境质量遥感监测

2005年，国家环境保护部卫星环境应用中心牵头，联合中国科学院遥感地球所等相关单位，开展“国家环境质量遥感监测体系研究与业务化应用项目”。

该项目针对国家对环保的重大需求，历时12年持续开展技术攻关，建立了由技术体系、工程体系、业务体系构成的国家环境质量遥感监测体系，并实现了业务化运行，全面支撑了我国新时期环境保护工作。其中涉及的3颗主要卫星（我国环境减灾A、B卫星，美国NPP卫星）均由中国遥感卫星地面站负责数据接收。截至2016年年底，中国遥感卫星地面站共计接收上述卫星数据2万多轨，为该项目的顺利实施和完成提供了有效的数据支撑与保障。

该成果应用8年来，向环保系统内外数百个用户单位提供大量遥感产品，推动我国环境监测进入卫星应用时代，为我国大气污染防治、水污染防治等环保重点工作提供了强有力的技术支撑。

（2）海洋溢油遥感监测

国家海洋局国家海洋卫星中心于2006年启动海上溢油监测业务，历时11年，以星载SAR数据为主要信息源，以多源卫星遥感资料为数据源，基于地理信息系统技术以及遥感图像处理技术，利用海上溢油遥感监测系统、采油设施专题数据库和基础地理数据库，实现一定频度的专题溢油遥感监测与信息发布，为溢油污染防治、事故处理和海上执法提供快速准确的支持服务。

地面站多年来提供ENVISAT、Radarsat-1等卫星以及近年来的Radarsat-2卫星数据，在数据编程、计划安排、接收以及近实时处理、交付和后续更新等方面提供了专业高效的服务与支持，有效保证了海上溢油监测工作的顺利开展与完成。

2011年6月，蓬莱19-3油田溢油事故发生后，国家海洋局北海分局立即启动紧急预案，通过海监船和海监飞机等，对事故现场实施24小时的动态监视监测；利用地面站提供的蓬莱19-3油田溢油监视监测的卫星数据进行持续解析；发现油污后立即督促康菲公司进行清理。海陆空立体联动处理了此次溢油事故。

目前，国家海洋局的环渤海以及东海和南海溢油业务化监测项目、中国海事局烟台溢油应急技术中心黄海、渤海海域实施卫星遥感溢油监视项目仍在进行中，地面站一如既往提供了支持保障。

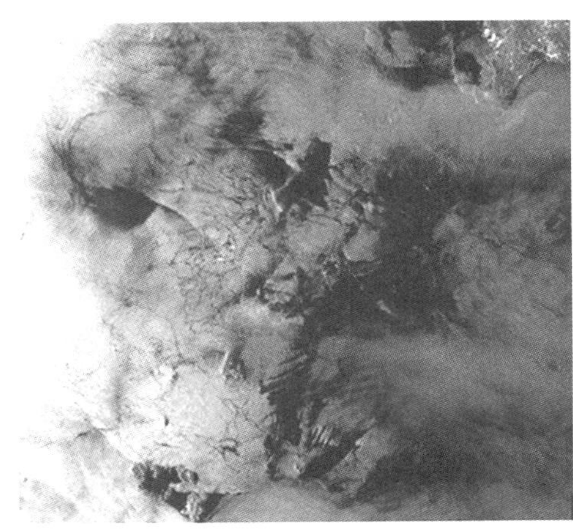
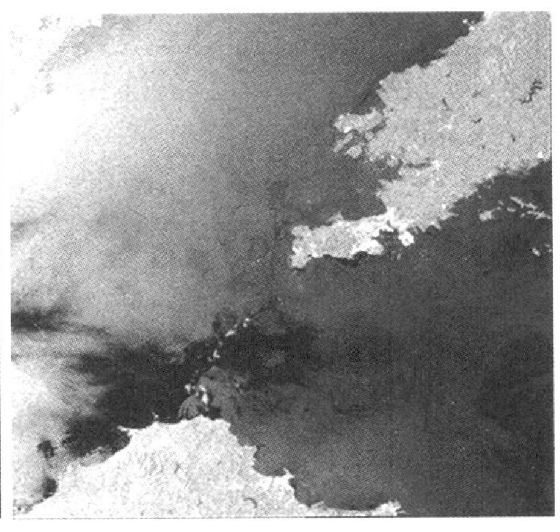

图8-1　2011年中国遥感卫星地面站接收、处理的溢油事故期间渤海海域卫星数据

3　农业林业　天眼建功

（1）卫星遥感农作物长势监测

农业生产是人类社会存在的基础，也是人类社会发展的根本。遥感卫星凭借大面积覆盖、高频率重复观测等优势，在农业生产方面发挥了重要的作用。

利用遥感能够实时监测农作物类型、作物生长态势、作物病虫害等，从而快速、直接指导农业生产。遥感还能在国家层面和全球层面提供更客观、全面的农情信息，为我国更好地把握全球粮食生产动态、合理制定粮食生产与进出口贸易政策等提供技术与数据支撑。农业部门的作物估产一直是地面站多年来支持的常规项目，早期以中低分辨率的光学卫星数据为主，近年来开始使用高分辨率的光学和雷达数据。

干旱是全球范围内影响最广的自然灾害，常造成国民经济尤其是农业的巨大损失。随着遥感技术的发展和卫星多样化遥感器的问世，基于卫星遥感技术的干旱监测手段具有大尺度、全天候、低成本等优点，已逐渐发展并趋于成熟。国家减灾网结合遥感、气象等数据，定期发布全国旱情遥感监测报告，如利用中国遥感卫星地面站接收的环境减灾卫星数据，分别提取2014、2015年华北地区岗南水库、黄壁庄水库水体面积。与2014年7月相比，2015年岗南、黄壁庄水库水体面积均减少，供水形势严峻。

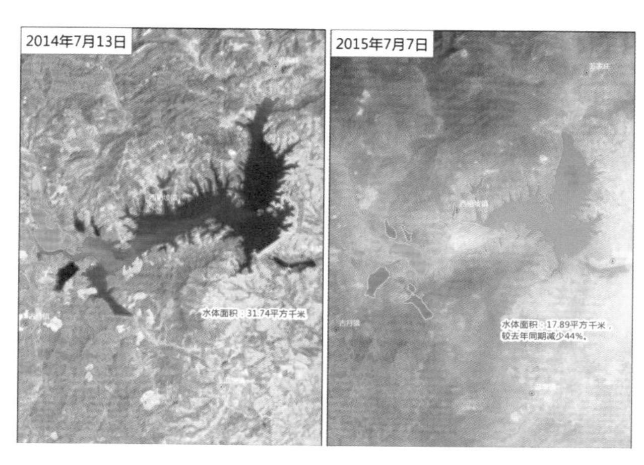

图8-2 河北省石家庄市岗南水库水体面积监测图

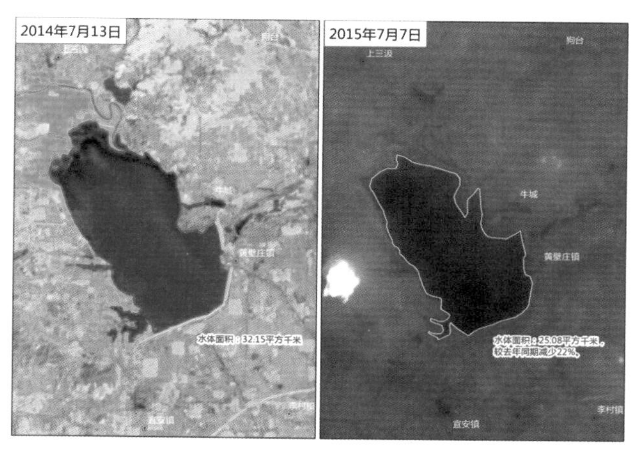

图8-3 河北省石家庄市黄壁庄水库水体面积监测图

(2) 卫星遥感实时观测森林资源

森林有“地球之肺”的美称，它能大量地吸收二氧化碳，不断制造人类和其他生物所需的氧气。森林资源的状态及变化对全球碳循环、气候变化、生物多样性和生态环境保护等都有重要影响。

但是，随着人口迅速增长，相对有限的森林资源面临着极大的威胁。根据世界粮食组织的数据，2000—2010年，人口增长导致森林年均净损失约52000平方千米。依此速度，到2785年，世界上所有的森林都将消失殆尽。

对森林资源进行监控具有保障可持续发展的重要意义。利用遥感技术手段能够准确快速地实现对森林资源的监测和调查，及时获取森林资源状况的第一手信息，为国家的森林健康发展提供有效的科学技术支撑。国家林业局的全国森林调查项目，对我国森林面积、蓄积量、覆盖率、质量、结构进行了详细的调查统计。多年来，地面站先后为这两个项目提供了Resourcesat-1，Landsat-5、ALOS和Radarsat-1/2等卫星数据，保障了项目的顺利实施。

近年来，国家林业部门开展了国家森林资源管理与普查项目，通过应用遥感技术检查全国31个省（市、自治区），重点检查东北国有林区范围的森林资源管理情况。地面站利用大量存档的SPOT6/7卫星数据，对森林资源管理情况进行检查。遥感技术的应用，提高了森林资源管理与检查的效率和客观性，进一步促进了重点国有林区森林经营单位管理，规范了林木采伐行为，遏止了超限额采伐，使森林资源消耗得到有效控制，森林资源得到妥善保护和发展，国土生态安全得到有效保障。

4 灾害监测 遥感当先

中国遥感卫星地面站在我国多次重大灾害及灾难发生时，第一时间响应，为国家决策提供了强有力的数据保障与信息支持。

(1) 1987年大兴安岭特大森林火灾遥感监测

1987年5月6日至6月2日，大兴安岭发生了中华人民共和国成立以来最严重的特大火灾。过火面积覆盖超过1.3万平方千米，外加1个县城、4个林业局镇和5个贮木场。有210人葬身火海，266人被烧伤，5万人流离失所，5万余军民围剿25个昼夜方才扑灭。火灾造成的直接损失达4.5亿元，间接损失达80多亿元，后续损失100多亿元。

火灾发生后，中国遥感卫星地面站第一时间利用Landsat-5数据对林火的状态和发展趋势进行了实时监测。在卫星过境后数小时，地面站向中央防火总指挥部提供七景图像和部分反映火灾状态的等密度分割图，清晰地反映了火区的精确位置和变化情况，对扑火救灾的指挥决策起到重要的作用。

灾后，地面站利用数据镶嵌技术，完整、清晰地反映了火区全貌，编制了过火区像片平面图，并精确量算了过火区面积，对过火区灾情进行了解译和分析，编制了1：50万灾情等级图。

上述工作成果于1988年获得中科院科技进步二等奖。

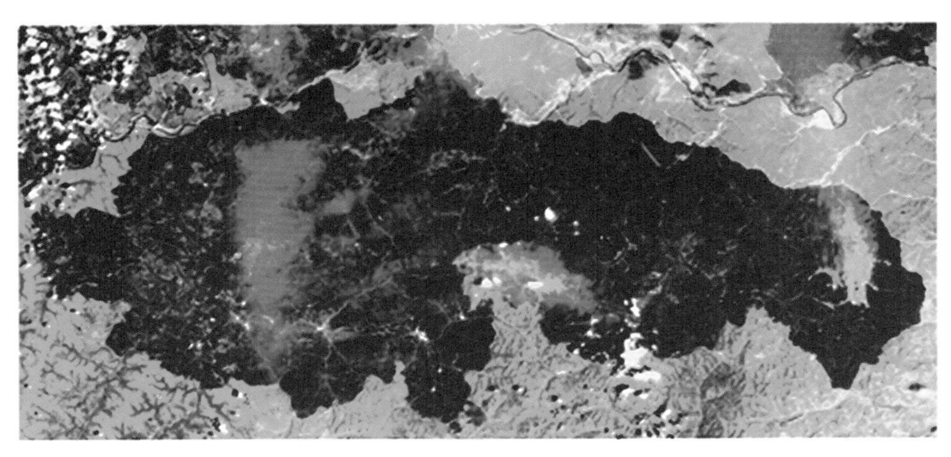

图8-4 1987年5月大兴安岭林区火灾监测（中国遥感卫星地面站成立后首次将卫星遥感图像用于国家重大需求）

(2) 1998年长江等流域特大洪水遥感监测

1998年，长江、嫩江、松花江等流域发生特大洪水。据初步统计，包括受灾最严重的江西、湖南、湖北、黑龙江四省在内，全国共有29个省（市、自治区）遭受了不同程度的洪涝灾害，受灾面积约21万平方千米，成灾面积约13万平方千米，受灾人口2.23亿人，死亡4150人，倒塌房屋685万间，直接经济损失达1660亿元。

灾情发生后，中国遥感卫星地面站紧急采用加拿大、日本、美国等国以及欧洲太空局的遥感卫星数据开展洪水监测工作。其中，于7月中旬采用的加拿大雷达卫星对受灾最严重的湖南、湖北、江西、黑龙江等地区进行全天时、全天候的监测；对长江中下游地区自洞庭湖至南京进行了8次监测；对嫩江、松花江流域进行了全流域性的6次监测，观测面积达500万平方千米。在灾情最严峻时期，基本做到了每隔3至4天对灾区重复监测一次。各类遥

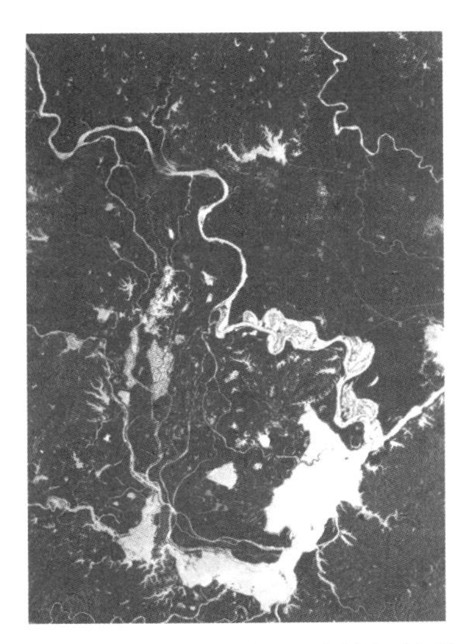

图8-5 1998年长江流域与松花江、嫩江流域的特大洪涝灾害——洞庭湖（Radarsat-1 SAR 1998年8月10日，图中白色为江或湖）

图8-6 1998年长江流域与松花江、嫩江流域的特大洪涝灾害——鄱阳湖及周边（Radarsat-1 SAR 1998年8月14日，图中白色为江或湖）

感图像、受灾地区的受淹范围和土地利用专题图以及灾情分析报告，被迅速、及时地送到国家决策部门以及各地方省、市的防汛、救灾部门，为防洪减灾和救灾做出了贡献，也为灾后重建和防洪规划提供了科学依据。

1998年，中国遥感卫星地面站被评为全国科技界抗洪救灾先进集体。

(3) 2010年南方多省洪涝灾害遥感监测

2010年五六月间，我国江南、华南、江淮、黄淮南部先后出现大范围降雨。国家防汛抗旱总指挥部统计显示，强降雨造成福建、广西、四川、广东、江西五省（自治区）143.2万人受灾，因灾死亡42人，失踪36人，倒塌房屋6000多间，直接经济损失约

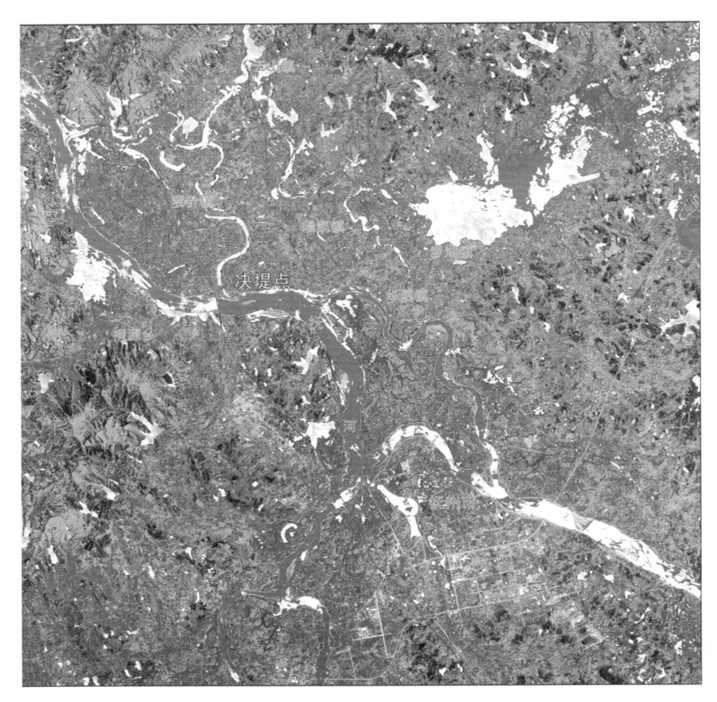

图8-7 2010年5月24日江西抚河唱凯堤决堤前SPOT-4灾前影像

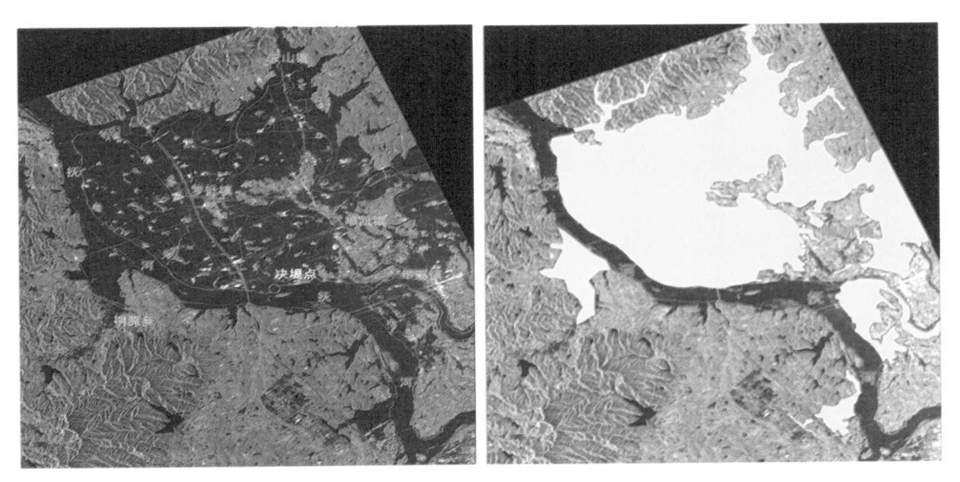

图8-8 2010年6月24日唱凯淹没范围Radarsat-2影像监测（图像处理前后）

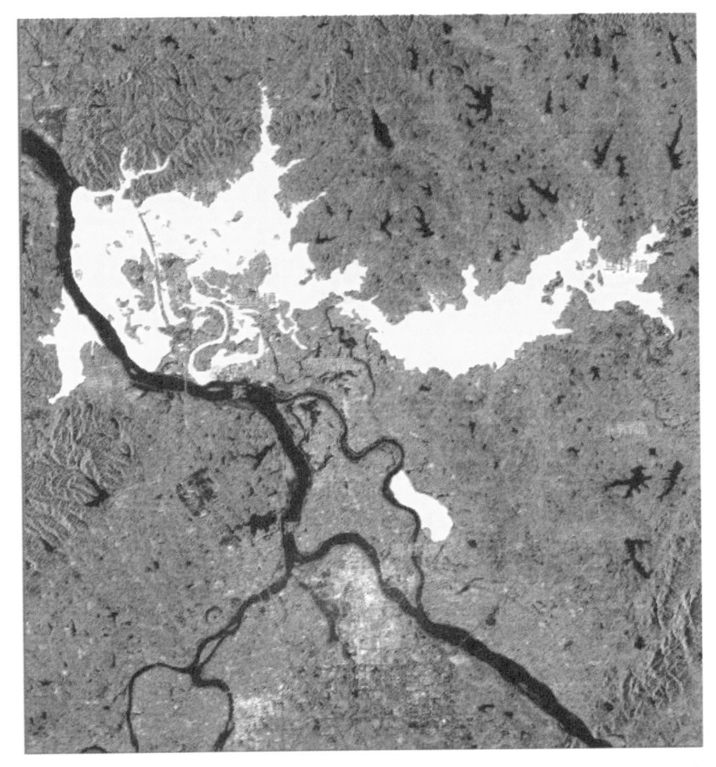

图8-9 2010年6月27日唱凯溃堤合拢后洪水淹没范围Radarsat-2影像监测

20.4亿元。

中国遥感卫星地面站充分发挥空间科技优势，对我国南方发生的洪涝灾害进行持续监测。地面站紧急与欧洲太空局、加拿大MDA等国际卫星组织取得联系，提交了灾区紧急数据的编程申请。6月底至7月上旬，获取并处理南方灾区的Radarsat-1/2、ENVISAT等卫星数据近40景。科研人员利用地面站获取的卫星遥感数据，重点对江西省抚河干流唱凯堤决堤区域、湖南洞庭湖区域以及江西鄱阳湖区域进行了持续监测，先后向国务院应急办等部门报送灾情简报6期，及时向国家决策部门提供支持，为抗洪救灾工作提供了有力的科学参考依据。

（4）2010玉树地震和2013年雅安地震灾害遥感监测

①玉树地震灾害遥感监测

2010年4月14日，青海省玉树藏族自治州玉树县（今玉树市）发生里氏7.1级强烈地震。灾情发生后，地面站迅速处理了玉树灾区灾前卫星遥感数据，并向国外卫星组织申请了灾后玉树地区雷达及光学卫星数据，为国家相关行业及部门抗震救灾决策提供数据支撑。提供的卫星遥感数据包括地面站接收的灾前、灾后Landsat-5、SPOT-5全色和多光谱、Resourcesat-1、Radarsat-2等卫星数据。1个月内，面向17个部门27家单位，通过网络下载共享卫星遥感数据总计约600GB，有力地支持了国家和相关部门的救灾决策和灾后重建规划工作。

地震灾情监测工作得到了国家有关领导、中科院领导以及国家各部门、地方政府的高度评价。2010年8月19日，中共中央、国务院、中央军委隆重举行青海玉树全国抗震救灾总结表彰大会，中国科学院对地观测与数字地球科学中心（原地面站依托单位）荣获“全国抗震救灾英雄集体”称号。

②雅安地震灾害遥感监测

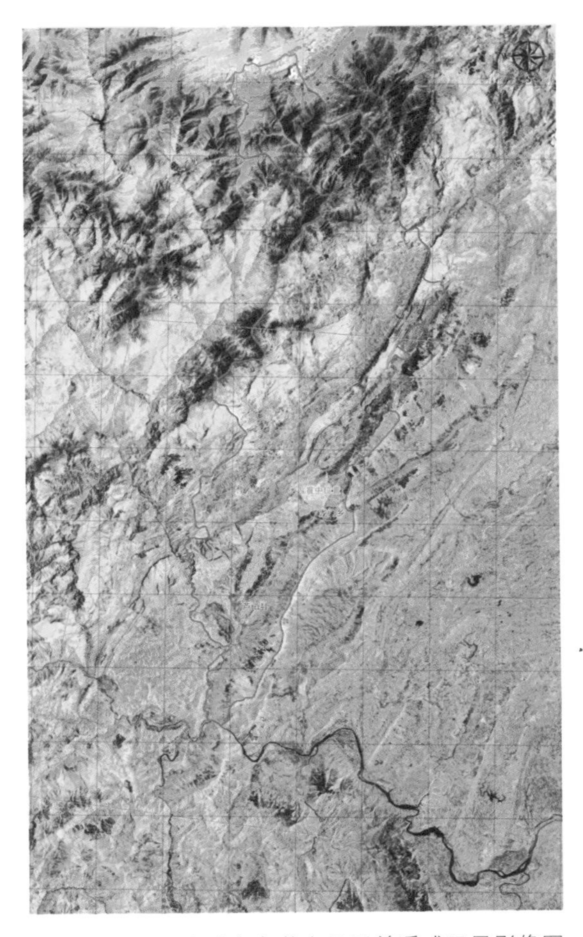

图8-10 四川省雅安市芦山县震前遥感卫星影像图（美国陆地卫星TM影像，2009年6月3日接收）

2013年4月20日8时2分，四川省雅安市芦山县发生里氏7.0级地震。地震发生后，中国遥感卫星地面站在卫星数据的编程、接收、处理以及遥感数据的深加工、传输、分发等方面开展了一系列工作，为灾情的解译、分析提供数据支持。中国遥感卫星地面站共提交THEOS、Radarsat-2卫星数据编程27景，接收灾区编程数据3条轨道，处理Landsat-5、SPOT-4、SPOT-5、Radarsat-2、THEOS等卫星数据38景。在数据共享分发方面，总计对约200GB的灾区卫星和航空遥感数据进行了数据共享分发，数据下载总量2.25TB，数据访问近2万人次。制作图像52幅，冲印照片120平方米，制作的图件被报送雅安抗震救灾前线、国务院应急办、中国科学院及其他部委，其中的芦山县遥感影像图还被张贴在国务院抗震救灾办公会现场。

5 跨国援助 大爱无疆

作为国际资源卫星地面站网的重要成员，中国遥感卫星地面站在巴基斯坦洪水、日本特大地震、澳大利亚林火、伊拉克地震等国际重大自然灾害中及时提供了大量珍贵卫星数据，为国际灾害监测做出了应有贡献，向世界展示了我国和平利用空间技术的形象。

(1) 2010年巴基斯坦洪水灾害监测援助

2010年7月下旬至8月，巴基斯坦遭遇特大洪灾，全国2000多

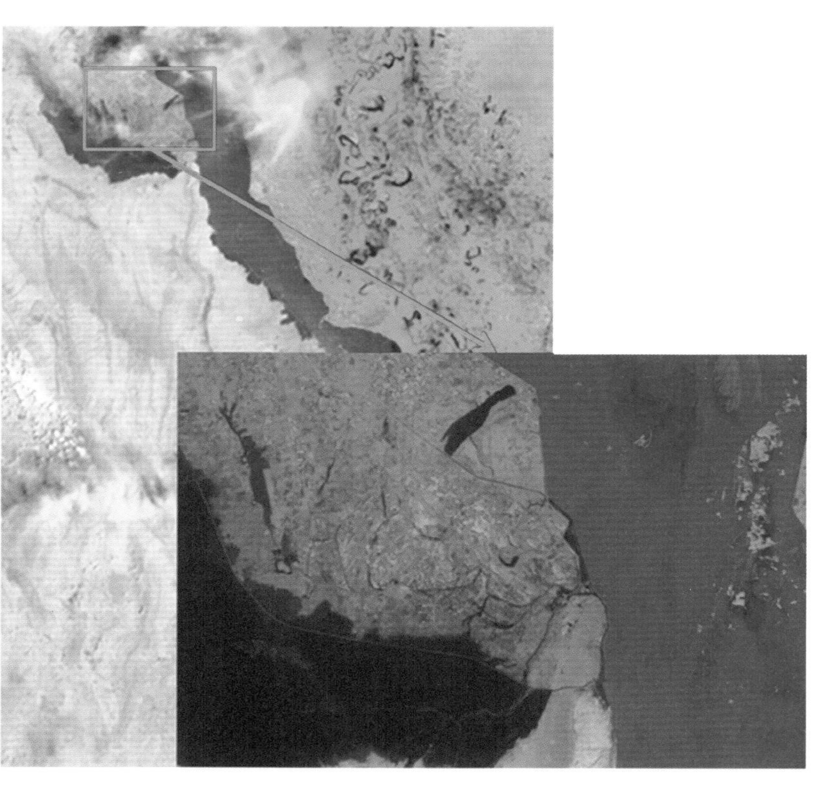

图8-11 美国USGS利用中国遥感卫星地面站提供的Landsat-5卫星数据发布的巴基斯坦洪水监测图

万人受灾，数百万人无家可归，近2000人在洪灾中死亡，约1400万人需要紧急人道主义救援。由于巴基斯坦处于中国遥感卫星地面站喀什站的接收范围内，地面站将喀什站接收的巴基斯坦地区的Landsat-5卫星数据及时转交给巴基斯坦，协助其进行洪水监测。

（2）2011年日本特大地震灾害监测援助

北京时间2011年3月11日13时46分，在日本本州东海岸附近海域发生里氏9.0级地震。灾害发生后，地面站积极响应国际卫星组织的灾害监测项目，迅速启动灾害监测应急机制，向美国USGS提供10条轨道共计93景Landsat-5卫星数据，向欧洲太空局提供14条轨道，共计100余景的ERS-2卫星数据。地面站还向法国和加拿大卫星机构申请了SPOT-5和Radarsat-2卫星数据，用于日本地震灾害监测、评估等工作。

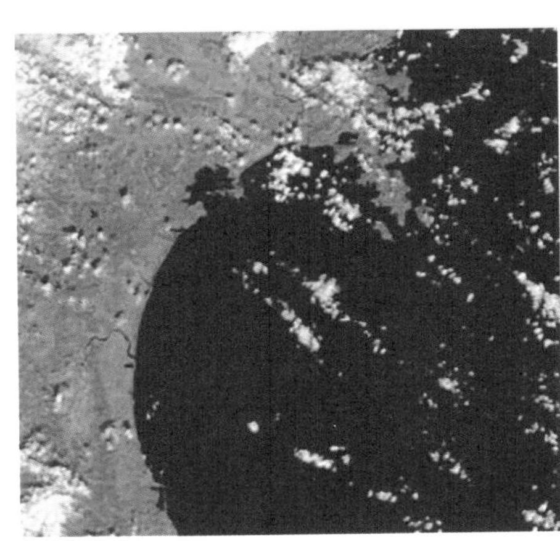
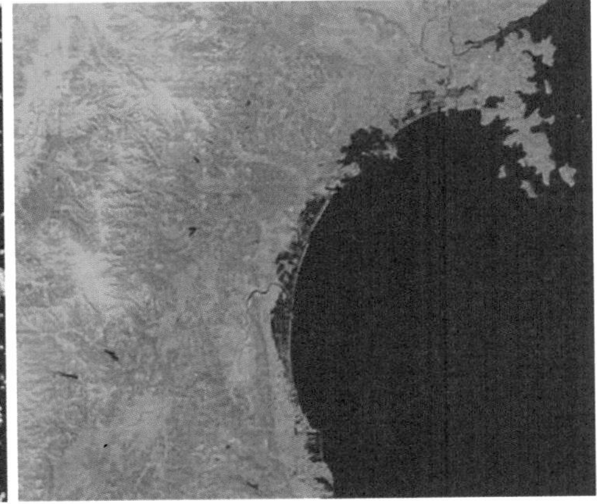

图8-12 美国USGS利用地面站提供的Landsat-5卫星数据发布的日本地震前后对比图

（3）2013年澳大利亚山林火灾监测援助

澳大利亚当地时间2013年10月17日，新南威尔士州发生严重山林火灾，持续数日仍难以控制。10月21日，收到我国驻澳大利亚大使馆关于“澳大利亚希望中国提供救灾协助”的来函后，中科院遥感与数字地球研究所随即启动应急响应机制，以最快速度获取了火灾前后的国内外卫星数据，综合利用地面站接收的中国“环境一号A”卫星CCD影像、“天宫一号”等国产卫星数据，对悉尼周边地区火灾地点、范围、走势等进行了解译和评估，先后向澳方报送5期简报，为灾情监测的科学决策提供了非常有价值的信息。

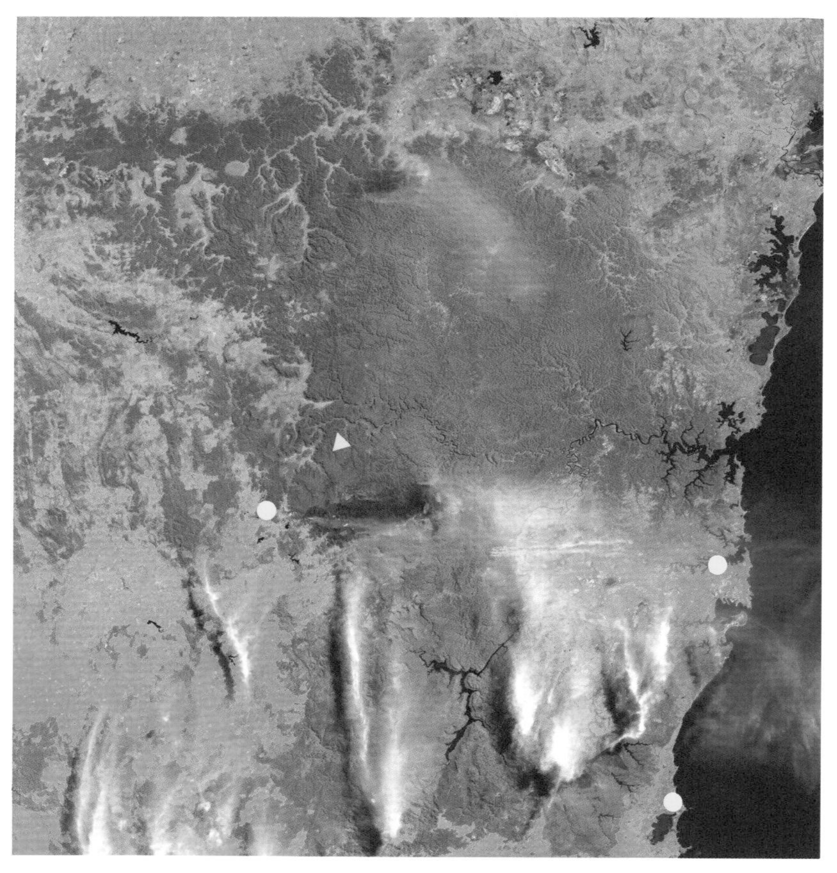

图8-13 结合NDVI对比分析及目视解译的悉尼周边火情监测图，黄色标记区域为火灾发生地点（HJ-1A卫星2013年10月20日CCD影像）

(4) 2017年伊拉克地震监测援助

2017年11月13日2时18分，伊拉克（北纬34.90°、东经45.75°）发生里氏7.8级地震，震源深度20千米。地震发生后，中国遥感卫星地面站开展了震前历史数据查询和灾后数据获取等一系列的灾害应急监测响应工作。利用2015年11月13日高分一号、高分二号多光谱影像及高分三号卫星SAR遥感影像，为伊拉克地震救援提供支持。另外，地面站负责运维的国家综合地球观测共享平台，于11月13日15时紧急启动中国GEO卫星遥感数据共享机制，面向共享平台各分中心和我国主要卫星数据服务单位发布紧急通知，动员和征集重点震区的遥感卫星数据，获取震区的高分辨率图像，并进行灾情分析处理。截至16日14时，收集到地震前后国家卫星气象中心提供的风云三号系列卫星、中国资源卫星应用中心的高分二号、二十一世纪空间技术应用公司的北京二号和长光卫星技术有限公司的吉林一号系列卫星等6颗卫星提供的地震前后426景，约174GB数据，并进行实情信息处理。所有数据和灾情信息都免费向全球的科学家和减灾机构

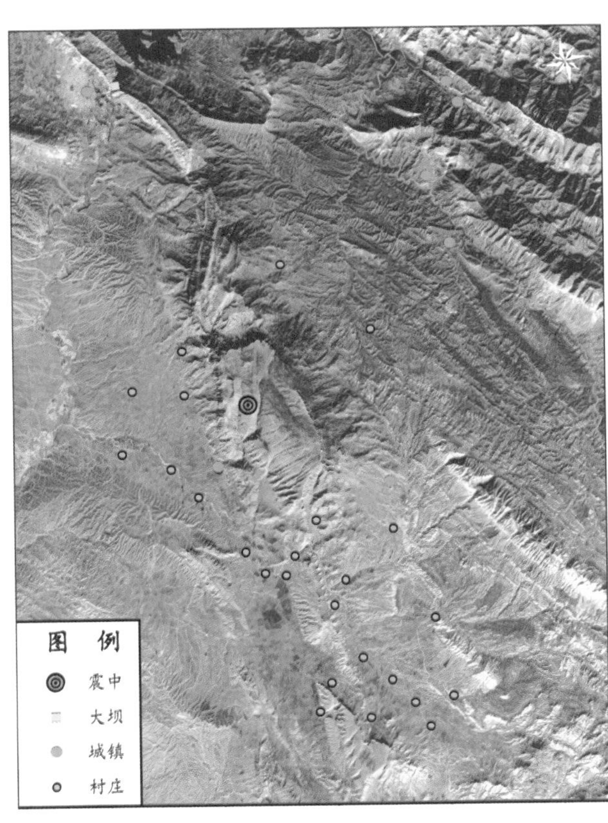

图8-14 伊拉克地震灾前高分一号遥感影像图（地面站2015年11月13日接收）

开放。该响应机制是我国基于GEO框架创立的新型灾害数据响应机制，作为对于政府间减灾数据合作机制的补充，已经在2016年新西兰地震和2017年墨西哥地震期间发挥了重大作用，并得到国际社会的高度评价和重视。

图8-15　伊拉克达尔班德汉大坝及达尔班德汉镇灾后高分三号SAR影像图（地面站2017年11月16日接收）

第三部分

航空遥感飞机

第九章 航空遥感 夙愿终成

想要看得远，就要站得高。人如果能装上翅膀，或者坐在大风筝上，在天上俯瞰大好山川该多好！载人热气球出现后，人类可以在空中看大地了，人们看到的景象与以往截然不同，这让人类对大地有了新的认识，但这种新的认识也极为有限。直到飞机诞生后，尤其是随着航空技术的快速发展，人类才真正能在空中观测大地，快速地获取更大范围的地面信息。从空中观测大地获取信息的过程就是航空遥感的过程。

1991年，“奖状”遥感飞机获取的拉萨市区航空影像。

1 从航空摄影到航空遥感

航空遥感由航空摄影发展而来。航空摄影是指在飞行平台上利用航空相机拍摄地面景物像片的技术。基于航摄相片，可以进行航空摄影测量，并基于航片判读成果开展研究和应用。

航空摄影测量是指基于按照一定规则获取的航摄相片，通过严密的数学模型，结合地面控制点还原相片上地面物体的大小、形状和位置，精确绘制地图的一门技术。地图有着重要的用途，随着人类活动范围的扩大，靠双脚测绘不论是效率、范围还是准确性都已经不能满足需要了。当飞机出现后，通过在飞机上安装相机，迅速发展出了航空摄影测量技术。第一次世界大战期间，军事用途（如军事侦察），加速了独立的航空摄影测量科技体系的形成。

航空摄影测量的实现过程就是求地面点空间坐标的过程。人醒着的时候每时每刻都在进行摄影测量。如果把人体比作飞机，眼睛比作相机，人看物体的过程就是摄影测量的过程。一只眼能看到物体，但是无法准确判断它的距离和空间位置。当两只眼看物体时，大脑就能通过双眼视差建立立体影像，进而准确判定它的距离和空间位置。

在航空摄影测量飞行中，飞机先按一条航线摄影，然后在临近位置再按另一条航线摄影。两条航线要大体保持在同一高度，而且拍摄的照片要有足够的重叠区域。这样，在照片重叠区域，对于同一个地面点，就在两张照片上有对应的像点了，即模拟人眼看东西。两个像点与对应的地面点构成三角形，通过相应的数学模型就能算出地面点的位置了。现实中，已知点准确位置的确定还不是那么容易，相机镜头会产生变形（镜头畸变），飞行过程中会遇到航线弯曲、航线高度不同、飞机姿态动态变化等各种问题，地面有高低起伏，这些都对已知点位置的确定造成影响。因此需要通过大量的工作，把这些影响一项一项加以改正、补偿、削弱处理，才能获得比较理想的结果。

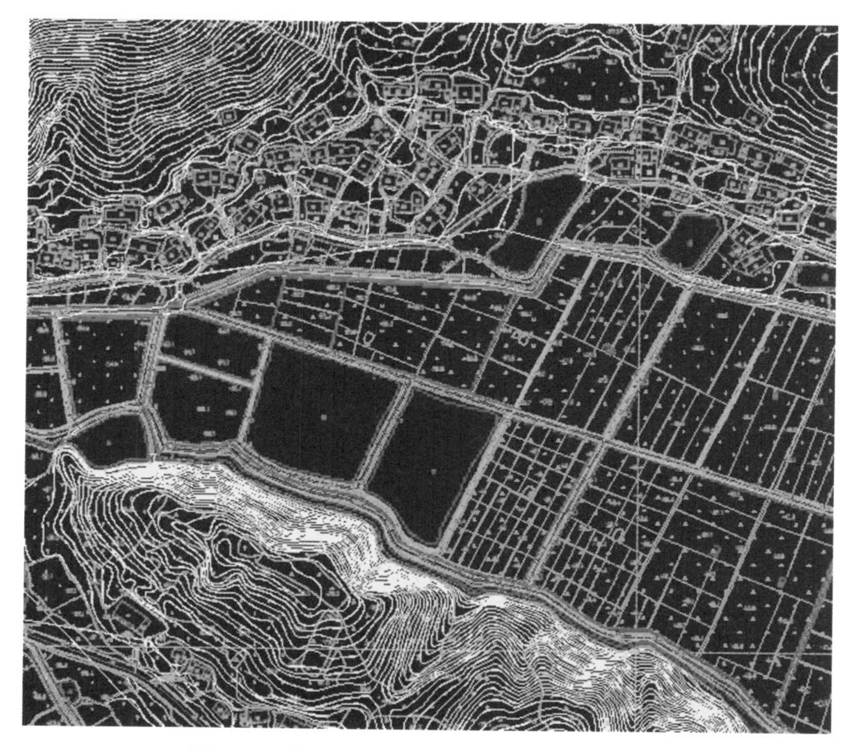

图9-1 利用航空摄影测量完成的测绘线划图

图9-1中，不同颜色的线条代表不同地面物体，例如，黄色划线圈叫等高线，表示同一条线圈上的各处高度相同，线越密集，代表对应地形越陡峭；遍布图中的小红点代表它所在位置的高程；粉色线代表不同的地面房屋；绿色线条代表农田边界，田中间的绿色点代表田里种的作物；深蓝色线条代表河流或者水渠；浅蓝色线条代表道路。所有这些都是通过摄影测量的方法还原地

物的空间位置关系后精确测量获得的。可以想象，如果靠双脚跑遍这些地方，通过地面测绘的方法完成这样的工作，时间、人力成本该有多大，产品质量也难以保障。

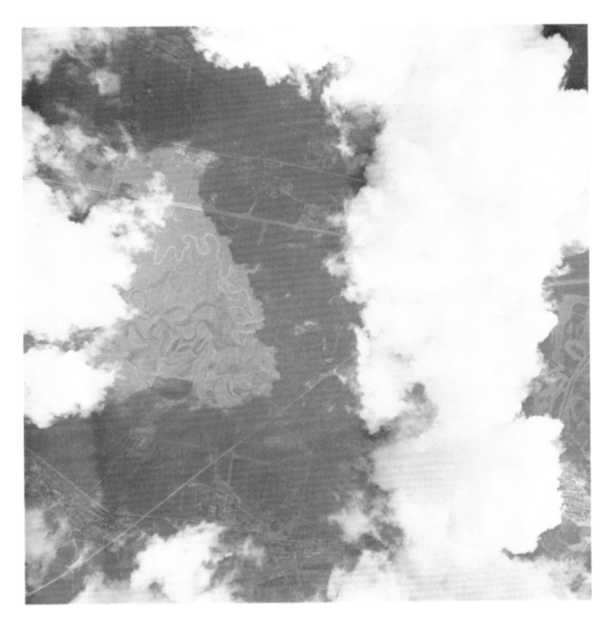

图9-2 1986年，“奖状”遥感飞机拍摄的辽河洪水淹没区航片

航空像片是地面景观的综合反映和缩影，蕴含丰富的地学、资源、环境等多方面的科学信息，通过航片判读后就能够获得这些有用信息，开展更多的科学研究和工程应用。航片判读是根据地面物体的成像规律与影像特征，建立判读标志，通过直接判读法、对比分析法、逻辑推理法等判读方法，在航片上识别出地面上相应物体的性质、位置和范围。在具体判读过程中，又可分为直接判读标志和间接判读标志。直接判读标志是指能够直接反映和表现目标地物信息的遥感影像的各种特征，包括遥感摄影像片上目标地物大小、形状、阴影、色调、纹理、图形和位置及与周围的关系等，判读者利用直接判读标志可以直观地识别遥感像片上的目标地物。间接判读标志是指能够间接反映和表现目标地物信息的遥感影像的各种特征，借助它可以推断与目标地物的属性相关的其他现象，如河流流向、地貌形态、土地利用等就是一些常用的间接判读标志。当然，直接和间接是相对的，同一特征对A目标是直接判读标志，对B目标可能就是间接判读标志。

伴随着第三次技术革命，尤其是新技术，如红外摄影、多光谱摄影、雷达成像等新技术的引入和图像解译判读设备的迅速发展，航空摄影应用得到迅速扩展，航空摄影发展成为集测绘技术、空间信息技术、计算机技术、数字图像处理技术等多种技术门类应用于一体的多学科多领域综合航空遥感技术体系，其工作内容也从航片判读与地图测绘向更大的领域扩展，在国土资源勘探（如大范围城市规划与测绘、油气资源勘查等）、农林业生产（如干旱、病虫害监测等）、环境监测（如蓝藻、排污监测等）、大气监测（如雾霾监测等）、考古探测（如遗址发现等）、应急救灾救援以及科学研究等众多领域大显身手，为科学家、工程师与管理者提供综合分析与决策支持，也为大众日常生活提供可见可感的服务。新的遥感器不断加入，使航空遥感的应用领域进一步扩大，为工作人员提供了更客观的综合数据、更全面的观测视角和更新颖的分析手段，成为众多科学研究和工程应用的新支点。

图9–3为开展青藏高原敏感环境研究使用的航空遥感影像，影像图让研究人员直观认识区域内地形地貌空间格局分布。图中红色为植被，青色为裸露地表。青藏公路表现为一条亮色线条；河

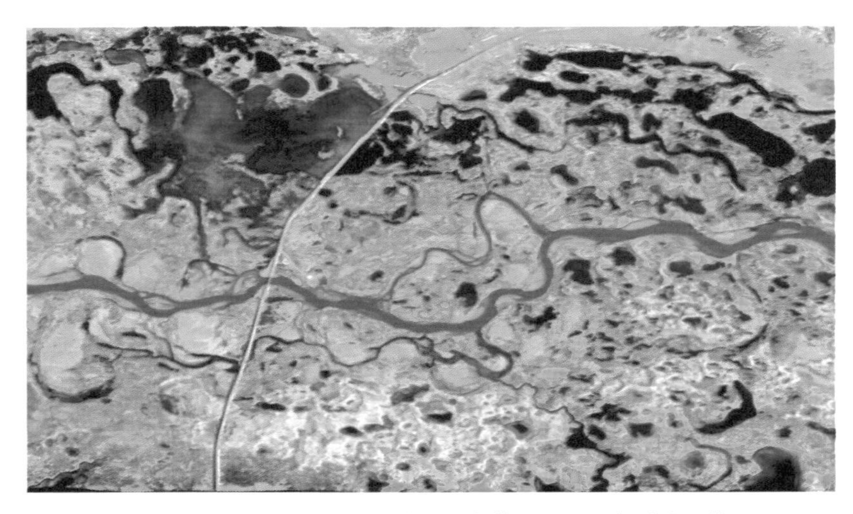

图9–3 “奖状”遥感飞机获取的青藏高原假彩色遥感影像

流水体（图中部）与湖泊水体（图上部）颜色有明显差异。各种大小的湖泊水域遍布全图。通过这样或者类似的数据，中国科学院研究人员发现青藏高原有湖泊扩张和新湖出现的现象，并认为这与大尺度区域大气环流变化对气候变暖的响应有关。

对十三陵开展航空遥感（图9-4），从全局角度审视明代皇陵的空间分布格局。再回过头来读明末清初著名学者顾炎武的描写“群山自天来，势若蛟龙翔。东趾踞卢龙，西脊驰太行；后尻坐黄花，前面临神京；中有万年宅，名曰康家庄；可容百万人，豁然开明堂”是不是更有体会，重游十三陵时是不是对地理更加了然于胸、眼前豁然开朗。

图9-4 “奖状”遥感飞机获取的北京十三陵地区假彩色影像

② 实现以空中的视角洞察大地

航空遥感系统由飞行平台与装载其上的遥感器（包括数据处理系统）共同组成。平台为科研人员提供了更宏观和更广阔的视角，遥感器协助科研人员能够获取更综合、更客观的地面信息。平台与遥感器共同支撑起航空遥感，最终实现对地定量与定性的观测和综合分析，让人类能够事半功倍地认识大地。

(1) 飞行平台

飞行平台决定了可以在什么地方、什么环境、什么高度开展何种活动，可以说飞行平台的性能一定程度上决定了航空遥感的应用范围。与飞机相比，气球、飞艇等飞行平台由于受到操控性、飞行范围等的限制，应用范围和程度相对有限。飞机是航空遥感的重要核心，航空遥感一般都基于飞机平台。

机型:里尔
制造商:加拿大庞巴迪公司
升限:14000米

机型:奖状
制造商:美国塞斯纳公司
升限:13000米

机型:运八
制造商:陕西飞机制造公司
升限:9500米

机型:新舟60
制造商:西安飞机工业公司
升限:7000米

机型:运-12
制造商:哈尔滨飞机制造公司
升限:7000米

机型:运-5
制造商:南昌飞机制造公司
升限:4500米

图9-5 用作航空遥感飞行平台的部分机型

不同飞行平台的性能不同。航空遥感科学试验对飞行平台的要求往往更高。例如，某项青藏高原综合科学考察试验要求在山区海拔10000米的高度以700千米/时的速度开展微波冰川观测试验。周边可用机场为拉萨贡嘎高原机场，海拔3600米。看似简单的试验要求，其实对飞机的最大起飞高度、最大飞行高度、最大飞行距离等性能都有非常高的要求，我国目前自行生产并能够胜任该项任务的飞机型号和数量非常有限。如果考虑到微波设备天线需要安装在飞机外部，会对飞机的气动外形造成显著影响，带来飞行安全隐患，那么能胜任的飞机就更加屈指可数。在航空遥感应用中，类似这样的任务并不少见，甚至经常需要进行比这还要复杂的飞行。

知识链接

为什么飞机在高原机场起飞更难呢？ 由于高原机场海拔高、地面空气密度小，导致飞机起飞时发动机推力显著降低，加速慢，容易出现超温、超转现象。同时，由于空气动力变差、起飞距离增长，飞机爬升和越障能力也相应变差，飞机空中加速、减速所需距离增长，转弯半径增大，机动能力降低。而降落时，类似原因造成着陆时飞机相对地面速度过大，降落距离变长。这些对飞机发动机和整体性能都是巨大的考验。此外，这些因素还会大量增加飞行油耗，如果飞机起飞时加油过多又会导致飞机过重，造成起飞难度大幅提高；如果加油过少，飞行距离变短，搭载同样的设备，单次飞行能执行的遥感任务量就要减少。加上高原机场地形、天气、大风等自然因素影响，对飞机的整体性能要求就更高了。这就是很多型号的飞机能飞上海拔6000米的高空，却不能在海拔3000米的高原机场起飞的原因。

图9-6 1999年无锡广南立交桥假彩色航空影像(“奖状”遥感飞机获取)

(2) 遥感器

航空遥感的另一个重要核心是遥感器。不同类型的遥感器能够获取不同用途的专业数据、对应不同的应用，代表着不同的航空遥感能力。航空遥感常见的应用有地面影像获取需求、三维数据获取需求、定量信息提取需求、目标识别需求等。不同需求分别使用不同遥感器，但每种遥感器不只针对一种需求，往往可以联合使用，相互补充，以达到更优的应用效果。

针对这些应用需求进行分类，航空遥感器大致分为4类：航空光学相机、机载激光雷达、机载成像光谱仪以及机载微波设备。

不同颜色代表不同的高度，以表示地面三维细节。由蓝到红，地面高度依次增加。

图9-7 机载激光雷达获取的天老池三维地形数据(黎东提供)

航空光学相机，又称航摄仪，可以获取地面影像，是航空遥感领域最早使用的遥感器。这类设备获取的影像空间分辨率在几厘米到几十厘米之间，早期获取的影像为黑白影像，现代设备获取的影像通常包括近红外、红、绿、蓝四个光谱波段，数据需求量最大、应用最广泛。

机载激光雷达是一种主动遥感系统，它向地面发射激光，激光接触到地面物体后反射，被激光雷达设备接收，从而获得地面的三维信息。

机载成像光谱仪获取的数据既有地物的二维空间信息（成像），又有地物的光谱信息（定性与定量），具有图谱合一的特点，是地物定量信息获取的最佳工具。

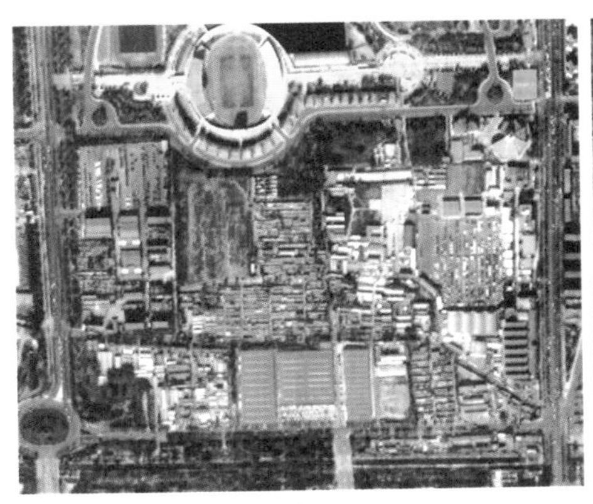

甲

乙

图9-8 "奖状"遥感飞机搭载成像光谱仪发现了不同材质的屋顶（张兵提供）

"奖状"遥感飞机通过机载成像光谱仪获取的高光谱数据(图甲)，发现北京亚运村某建筑屋顶由不同材质组成，经地面调查获知，蓝色、绿色、红色分别代表来自不同厂商的屋顶板材，黄色表示水泥地面(图乙)。

机载微波设备是航空遥感的又一重要设备。这类设备能够获取地物的几何和极化信息，反演地物目标构成的物理信息，是当前遥感中进行目标分类和参数反演的有效手段。利用这些数据可以精确地反演目标的位置信息，因此可广泛应用于地形测绘、城市规划、科学研究及国家安全等领域。相对于航空光学相机，微波具有更强的穿透能力，能穿透云层、一定厚度的干燥沙子等，不受或很少受云、雨、雾的影响，因而这类设备具有全天候昼夜工作能力。

图9-9 “桨状”遥感飞机搭载微波设备获取的沙漠绿洲城市的微波影像

现在，航空遥感平台不仅搭载各种成像设备开展对地观测活动，还可以搭载其他非成像设备开展多类型的科学研究，如搭载机载环境大气成分采样仪，可对不同高度的大气成分进行采样，监测雾霾来源成分、大气质量、主要污染气体的时空分布等。这些新的应用使航空遥感可以服务于更多学科研究和应用。

3 遥感世界的股肱之臣与后起之秀

在航空遥感世界，有人驾驶的遥感飞机（简称“有人机遥感”）在很长一段时间里都是主要的平台力量。它最大的特点就是机动灵活，操控性好。理论上，有人机遥感可随着应用需求的不同，迅速更换不同类型的遥感器，从而几乎在任何时间、任何地点，获取更高空间分辨率和更多种类的观测数据，弥补航天遥感的不足。因此，有人机遥感是遥感界名副其实的“股肱之臣”。

有人机遥感经历上百年的发展，技术成熟，安全性高，所搭载的遥感器种类多，因此与无人机遥感比较，更适于大范围的遥感活动（几百到几万平方千米）。由于较少受遥感器质量和大小的限制，有人机搭载的遥感器可以更复杂、更精密，获取的数据更精确，能够高效率地执行更大面积的飞行任务。有人机遥感对同一区域可以进行高时间分辨率的密集观测，甚至一天之内多次获取遥感数据，获得更高空间分辨率和时间分辨率的数据，并且可以根据用户需求随时进行遥感飞行，满足用户多样化的特殊需求。

例如，汶川地震发生后，由于受卫星回访周期和不良观测天气的影响，遥感卫星难以实现有效的对地观测，而遥感飞机既能搭载光学遥感器，又能搭载微波遥感器实现持续飞行，有效地开展了震区地面信息获取工作。图9-10是两架“奖状”遥感飞机连续8天开展震区唐家山堰塞湖水位变化情况监测，其中5月16、19、23日为航空光学影像，14、24—26、31日为机载雷达遥感影像。

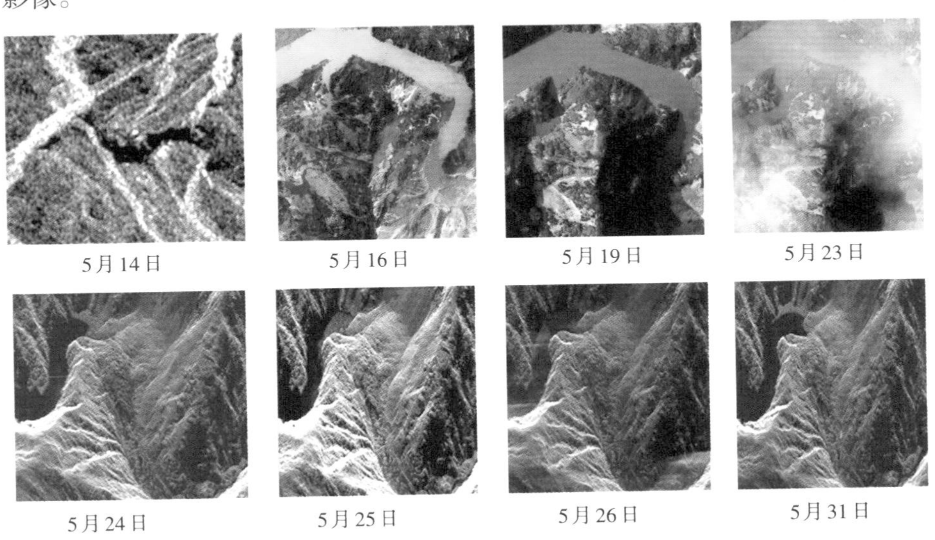

图9-10 2008年“奖状”遥感飞机开展汶川地震震后灾情监测

此外，在发射遥感卫星计划之前，需要经过大量反复试验验证卫星所搭载的遥感器性能、可靠性和相关参数设置的科学性，有人机遥感为实现这种预先研究和论证提供了良好的试验基础。

有人机航空遥感应用范围很广，但受制于成本、飞行平台等多种原因，它的应用远离大众，只有少数单位才用得了、用得起，是名副其实的“高、大、上”技术。21世纪初，尤其在2010年后，无人机技术和遥感器小型化技术不断取得突破，无人机遥感系统呈现井喷式发展，它具备有人机遥感的很多特点，但更便宜、更易操作、更机动灵活。无人机遥感迅速发展成为航空遥感新的重要组成部分，是遥感领域实至名归的后起之秀。

图9-11 无人机准备起飞开展航空摄影测量工作（李儒提供）

无人机遥感系统几乎可以挂装所有小型化的主动和被动遥感器，以相对较低的成本和门槛、更机动灵活的方式，在小范围测绘、应急救援、精细农业、环保监测与评估中大显身手。目前国产无人机遥感系统已经具备相当水平，应用上也不落后于其他国家。

受制于民用无人机本身的特点，比如飞机小、抗风能力有限，无论是燃油驱动还是电池驱动，飞行时间都较短，造成搭载遥感器受质量限制大、遥感器种类有限以及安全性能上的先天不足等，无人机遥感只能在小范围（面积）区域开展应用。当然，那些有特殊用途的大型无人机可另当别论，它们主要集中在个别特定的领域（比如军事），离大众生活及广泛的应用还有距离。

尽管如此，无人机遥感的锋芒还是无法阻挡，它迅速降低了航空遥感应用的门槛，使无人机遥感进入了大众生活。你可以购买一架无人机（几百到几千元），机上挂载一台卡片式数码相机、带记录功能的摄像头，甚至还可以有小型的红外热像仪（比一个鼠标大不了多少），搭建一个小型低空无人机航空遥感系统，在允许的空域开展航空遥感观测，看看周围是否有违章建筑、隐藏的排污口，以及池塘水质怎么样、大楼是否有热异常（如冷气外泄）等。

目前，航空遥感系统中，作为股肱之臣的有人机遥感和作为后起之秀的无人机遥感，都是遥感世界中不可或缺的中坚力量。

1985年，中国科学院航空遥感中心（以下简称“航空遥感中心”）正式成立，次年，引进遥感飞机，建成高空、高性能航空遥感系统。国家和中国科学院对遥感飞机寄予很大期望，在批准文件中特别说明：“航空遥感中心的成立及遥感飞机的引进，是我院遥感技术及遥感应用研究工作的一件大事，航空遥感中心应贯彻中共中央关于科学技术体制改革的决定的精神，管好、用好遥感飞机，努力开创我院遥感技术及应用的新局面，为使科学技术成果迅速广泛地应用于国民经济建设做出贡献。”

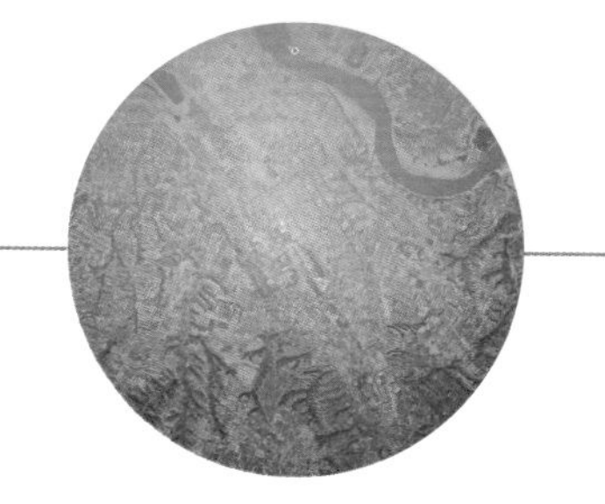

1995年，“奖状”遥感飞机获取的河南三门峡地区航空影像。

1 来自一线的期盼

遥感是很多行业开展工作的必要技术手段和重要信息来源：卫星发射前，携带的设备是否达到了设计指标；地震发生后，救灾必须知道在哪发生，有多大范围、多大的破坏程度；在人称“死亡之海”的塔克拉玛干沙漠里进行油气资源初探，在青藏高原无人区考察，需要事先了解这些地方的地质资料、环境状况，才能做到胸有成竹、有的放矢，否则很容易产生“盲人摸象”的片面认识，甚至还会危及工作人员的人身安全，造成不必要的损失。遥感技术带来了一种宏观、综合的全新视角。

中华人民共和国成立后，由于基础差、底子薄，遥感技术相当落后。另一方面，由于遥感技术可应用于军事领域，发达国家往往对我国实行技术限制政策。早日建立我们自己的航空遥感系统，开展遥感科学研究和应用，是我国广大科研工作者、工程技术人员长期以来翘首以盼的心愿。1980年，中国科学院开始计划建立我国自己的航空遥感系统，并向国家提交了配备高空遥感飞机的报告。1985年4月，中国科学院战略性地成立了中国科学院航空遥感中心，开始建设与发展我国自己的航空遥感事业。

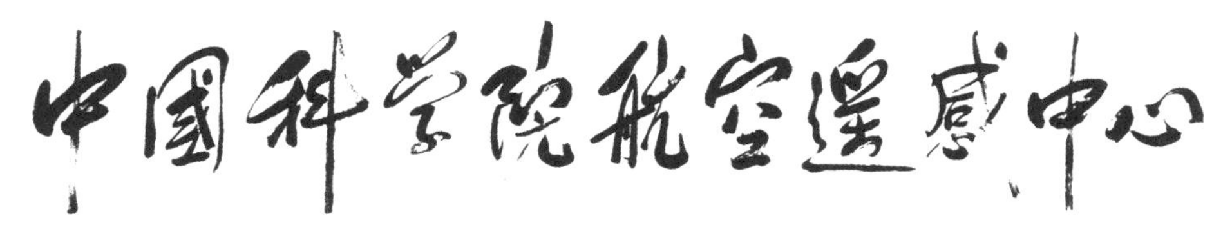

图10-1 胡耀邦为中国科学院航空遥感中心题名

中国科学院明确航空遥感中心的主要任务是："进行航空遥感探测仪器的飞行试验，健全和完善航空遥感技术系统；开展航空遥感实验研究；配合院内重大资源与环境研究任务，开展航空遥感服务，支持院内遥感应用研究工作；努力开展技术开发工作，积极承担院内外的航空遥感任务。"

在国家计委（国家发展和改革委员会前身，简称"发改委"）和中国科学院的支持下，中国科学航空遥感中心于1986年引进了两架性能先进的美国塞斯纳"奖状550S/II型"（Cessna S550 Citation S/II）高空遥感飞机——光学遥感飞机和微波遥感飞机，分别编号B4101、B4102，成为中国科学院重大科技基础设施之一。从此，遥感、地理、地质、气象等学科研究和应用有了自己的高性能航空遥感平台。

"遥感飞机"在中国科学院重大科学装置系统中，特指中科院航空遥感中心的这两架改装后的"奖状"飞机，不过平时大家都爱称为"奖状"遥感飞机或直呼"奖状"。"奖状"既是飞机型号，也是航空遥感人对自身工作引以为豪的称呼。

遥感飞机投入运行后，航空遥感中心组织了国内20多家科研

图10-2 1986年6月23日，两架"奖状"遥感飞机抵达良乡机场

单位联合攻关，经过多年努力，自主研制和完善了一套以“奖状”遥感飞机为高空平台，集成了包括可见光、近红外、热红外和微波波段等在内的多套遥感器系统，从而构成中国第一套最为先进和最大规模的航空遥感系统。

航空遥感中心以面向世界科技前沿研究、面向国家重大需求、面向国民经济主战场需要为基本原则，本着充分实现系统开放与共享的基本目的，服务我国遥感科学与技术发展，服务我国空间信息化建设和国家安全，成为我国对地观测及相关领域首屈一指的公益性大型科学试验平台之一。1993年，依托“奖状”遥感飞机建立的高空机载遥感实用系统获得中国科学院科学技术进步奖特等奖。

截至2018年年底，这两架高空、高速遥感飞机安全运行了33年。通过安装不同类型的遥感器，“奖状”遥感飞机在多类复杂环境中同时开展综合科学试验和工程应用，在我国遥感事业的发展史上留下了深深的印迹。航空遥感中心一线工作人员曾在年终总结中无限自豪地写道：“B4101从祖国南端的椰岛上冲向云霄，飞跃年轻的三沙市，驰骋在广袤富饶的南海上空，飞天巡海，辅九天揽月；B4102在祖国最西陲的高原机场上腾空，掠过喀喇昆仑山，翱翔在‘死亡之海’的大沙漠上，探沙测水，助九幽寻宝。”

2　航空遥感中的汗血宝马

“奖状”遥感飞机以美国塞斯纳奖状550S/II型公务机为原型改装后建成。该款飞机是公务机，性能优良，保证了科学家、工程师能够在这架飞机上开展很多在其他飞机上不能进行的科学试验。

在当时的条件下，遥感飞机的选择要优先兼顾功能和成本，力求运行效率高，成本最经济。“奖状”遥感飞机机长14.4米，飞机高4.57米，机翼（翼展）长15.9米，机翼面积31.7平方米，客

图10-3 “奖状”遥感飞机起飞

舱高度（走廊最高处）1.45米，客舱长度6.37米。从这些参数看，飞机个头不算大，属于经济型身材；最大升限13000米，最大航程3300千米，最高航速746千米/时，最大起飞质量6849千克，最大燃油容量2640千克，发动机推力11340牛×2（双发）。“奖状”遥感飞机虽然于20世纪80年代引进，但即使和当今国产的主要中小型飞机——运－5、运－12、新舟60以及ARJ21飞机等相比，其性能也毫不逊色。

“奖状”遥感飞机部分机型的主要性能指标对照表

主要参数	“奖状”遥感飞机	运−5	运−12	新舟60	ARJ21−700
飞机机长(米)	14.4	12.7	14.8	24.71	33.46
升限(米)	13000	4500（实用升限）	7000（实用升限）	7000	11900
航程(千米)	3300	845	1340	2450	3704
最大速度（千米/时）	746	256	328	514	1003
最大起飞质量（千克）	6849	5250	1700	21800	40500

知识链接

• **航程** 在载油量一定的情况下，飞机以巡航速度飞行的最远距离。

• **升限** 飞机能做水平直线飞行的最大高度。实用升限是在给定的质量和发动机工作状态下，飞机在垂直平面内做等速爬升时，对于亚音速飞行，最大爬升率为0.5米/秒时的飞行高度；对于超音速飞行，最大爬升率为5米/秒时的飞行高度。

• **最大速度** 指飞机水平直线平衡飞行时，在一定的飞行距离内（一般不小于3千米），发动机推力在最大状态下，飞机所能达到的最大飞行速度。

• **最大起飞质量** 指因设计或运行限制，飞机能够起飞时所容许的最大质量。

图10-4 “奖状”遥感飞机飞越珠穆朗玛峰

出厂的通用型飞机需要进行有针对性的改装，才能满足遥感科学研究的特殊需要。飞机改装涉及对飞机机体、电磁干扰和气动外形等多方面的改动，对飞机性能会造成重大的影响，因此，必须经过严格的评估后才能继续适航使用。

由于需要在飞机内部安装航空相机等不同设备，改装时要在飞机腹部开设窗口；很多试验还需要同时安装几台设备，要在有限的机腹位置开设多个窗口。除对地观测外，可能还需要同步采集机舱外部空气，因此还要在机身上开设大气联通采样窗口，这是一项很复杂的改装工程。由于“奖状”遥感飞机是密封舱飞机，开设的窗口必须既不能妨碍光波的透过，也不能对机舱密封产生影响。

上述改装只是在机身内部进行，对飞机外形影响有限；而当在飞机外部挂载设备时，就会改变飞机的气动外形，对飞机飞行安全产生直接影响，甚至在一定程度上，改装后的飞机相当于重新设计了一款新的飞机构型。所以，飞机的改装难，高空高速试验飞机的改装技术难上加难。我国刚引进“奖状”遥感飞机时，尚不具备相应的改装能力，“奖状”遥感飞机的改装是在美国完成的。当时，美国出售两架“奖状”遥感飞机给我国，并同意按照我国的设计要求进行飞机改装。航空遥感中心的开拓者抓住了宝贵的历史机遇，高瞻远瞩、超前设计，竭力争取在飞机出厂前把能够争取到的改装全部完成。

在30余年后的今天，“奖状”遥感飞机当年完成的这些改装，仍然能够充分满足多类对地观测与科学试验对高性能高空试验平台的需求，继续执行多学科的科学试验和多行业的工程任务。

（1）B4101光学遥感飞机的改装

B4101光学遥感飞机最初主要以光学设备为主，因此被称为光学遥感飞机。它无须在飞机外部挂载航空相机、三维激光雷达等设备，主要改装难度是需在有限的机身上开设试验窗口。目前，B4101光学遥感飞机有7个窗口：机腹处开设一个光学设备窗口、一个热红外设备窗口、一个瞄准具窗口、一个摄像窗口、一个多功能预留窗口（以上都是密封窗口），机身垂直尾翼前侧开设一个大气采样窗口以及一个尾部机腹非密封改造舱。密封窗口处安装特殊的光学玻璃等材料，将机舱与外界隔离，保证机舱内的密闭性。非密封窗口则可以直接与机舱外大气联通，满足设备安装和大气采样等需求。在正常环境中，这些都不难做到，但是在高空环境中，每一项背后都隐藏着了不起的技术。

目前国内能够安装光学设备的高空飞机很多，如基于国王350公务机改装的光学遥感飞机。但是像B4101光学遥感飞机有这么多改装窗口，能同时安装6～7种遥感设备的飞机就屈指可数了。这也是为什么“奖状”遥感飞机是我国目前不可替代的遥感科学试验平台的重要原因之一。

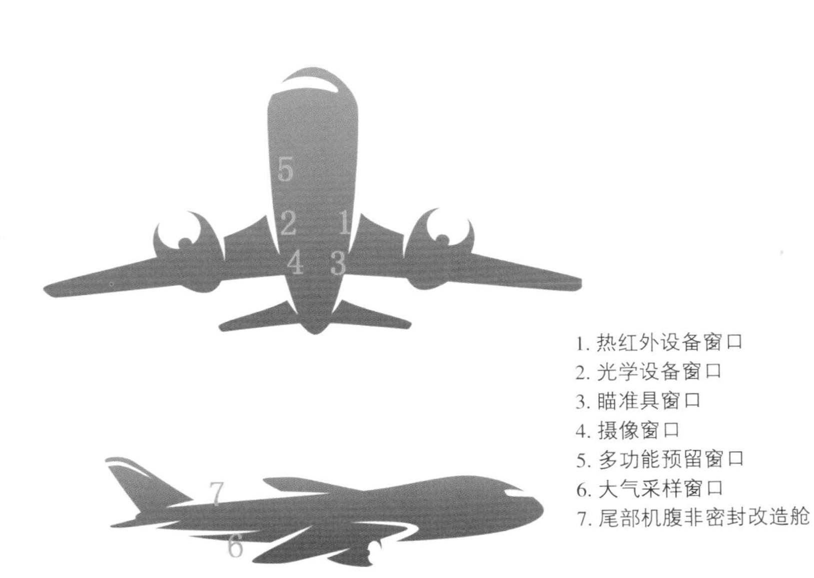

图10-5　光学遥感飞机窗口位置示意图

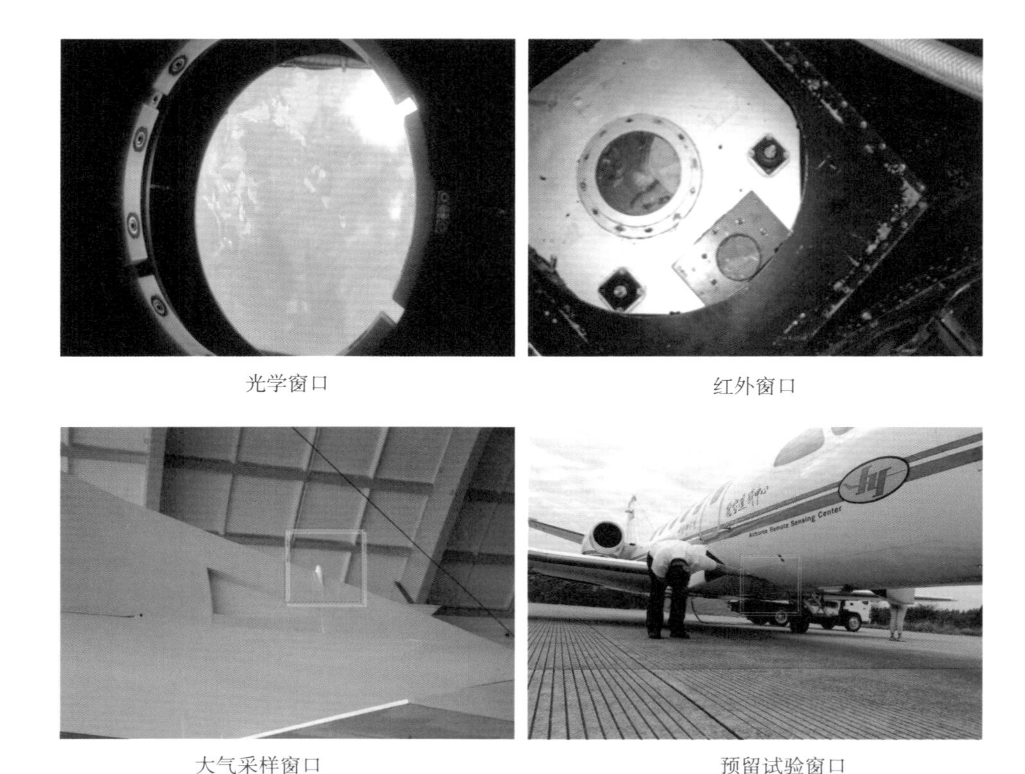

光学窗口　　红外窗口

大气采样窗口　　预留试验窗口

图10-6　光学遥感飞机机身部分试验窗口

（2）B4102微波遥感飞机的改装

微波遥感飞机主要挂载微波设备，所以又称微波遥感飞机。通过改装，B4102微波遥感飞机的机腹位置设有3个挂点，总计可挂载重达100千克的机外设备，这些设备通过特别预留的通道与机内设备联通。安装了各类微波设备的微波遥感飞机可开展科学试验和工程应用，具备全天候、全天时飞行能力。实际上，只要尺寸符合要求，其他类型的设备也可以安装到这架飞机上，并不限于微波设备。

微波设备需要在机腹安装天线设备。安装好天线后，为了保证飞行安全和设备安全，需要用雷达罩将设备罩起来。B4102微波遥感飞机雷达罩长2.5米，最宽处0.7米，最深处0.45米，由特质材料制造。虽然只是一个简单的罩子，却包含了不少高科技，综合了材料、工艺、机械、电磁、空气动力学和结构力学等学科的知识，设计和制造难度较大，对材料的要求十分苛刻，既要求有足够的机械强度、单位体积的质量尽可能轻，又要求在高温、高寒、高湿、高腐蚀性等环境中不易破碎开裂，还要求对天线的电磁辐射特性的影响最小、能最大程度地透过和最小程度地吸收电磁波。目前这架飞机所使用的雷达罩是30多年前飞机出厂时配备的。虽然航空遥感中心已立项在国内生产新的雷达罩，但目前仍未能生产出达到原有雷达罩性能水平的替代品。

图10-7 安装雷达罩后的飞行吊舱

知识链接

飞机改装 在航空器及其部件交付后进行的超出其原设计状态的任何改变，包括任何材料和零部件的替代，分为重要改装和一般改装。

重要改装是指没有列入航空器及其部件制造厂家的设计规范中，并且可能对民用航空产品的质量、平衡、结构强度、性能、动力特性、飞行特性和其他适航因素有显著影响的改装。重要改装不是按照经认可的常规方法或者基本操作的方法就能完成的工作。遥感飞机的改装绝大多数属于重要改装。

一般改装是指除“重要改装”以外的其他改装。

• **适航性** 该航空器包括部件及子系统整体性能和操纵特性在预期运行环境和使用限制下的安全性和物理完整性的一种品质，这种品质要求航空器应始终处于保持符合其型号设计和始终处于安全运行状态。在民用航空活动的实践中，为达到某种适航性，民用航空器必须符合法定的适航标准和处于合法的受控状态。适航是国家航空安全的重要组成部分，是民用飞机进入市场的通行证。适航管理是国家对民用航空产业品质实行的一种强制性产品合格审定制度。

3 航空遥感中的攻玉之石

“奖状”遥感飞机先后配备或校验了多型号的胶片式航空相机、数字航空相机、成像光谱仪、三维激光扫描系统、微波雷达设备等，见证了我国航空遥感器的发展。

（1）航空光学相机

航空相机可以完成中高空（3000～10000米）中比例尺航测作业、低空（1000～3000米）大比例尺航测作业等工作，获取的数据可满足1:1000（平面）、1:5000、1:10000、1:50000等测图作业要求。它是获取高空间分辨率影像数据的重要设备之一。

按发展阶段，航空相机可分为胶片式和全数字式航空相机。“奖状”遥感飞机最先使用的是LMK 3000胶片式航空相机，随后引进了RC10A，并升级为当时最先进的RC30胶片式航空相机。这几类航空相机是多年前获取地面影像的主要设备。胶片相机通过胶片上的碘化银等感光材料，感应入射到镜头中的光线，记录物体影像。胶片式航空相机拍摄的相片尺寸多为23厘米×23厘米，也有相机能拍出18厘米×18厘米和30厘米×30厘米的相片。

LMK 3000胶片式航空相机的镜头/胶片解析力达到110线对/毫米，可使用黑白、彩色、彩红外、红外等胶卷摄影。其独特的瞄准具设计，使操作员对拍摄范围有更直观的认识。在飞机运行早期，航拍时，领航员通过瞄准具查找地面标志物，为飞行导航，引导飞机进入设计的飞行航线，控制飞行摄影质量，这是一项相当需要技术和经验的工作。

LMK3000胶片式航空相机

RC30胶片式航空相机

图10-8 “奖状”遥感飞机配备的胶片式航空相机

RC30相机是瑞士徕卡公司最后也是最成熟的一款胶片式相机，其镜头/胶片组合解析力为110线对/毫米，可以使用黑白、彩色、彩红外、红外等胶卷摄影。这款相机具有影像前移补偿、陀螺稳定平台、自动曝光控制功能，并有8个框标及卫星导航等数据接口。卫星导航的接入标志着这款相机可以使用GPS卫星导航和摄影，它将摄影员从繁重的导航工作中解放，能够更高效、优质地开展航空摄影。这是摄影测量设备的一次重大进步。

图 10–9 “奖状”遥感飞机搭载LMK3000拍摄的云南腾冲火山假彩色图像

图 10–10 “奖状”遥感飞机获取的拉萨布达拉宫假彩色图像

假彩色图像是使用近红外、红、绿三个波段分别放置在原先图像的红、绿、蓝三个通道上。在这样的图上，植物呈现红色，能够得到更清晰的表现。

2000年后，航空相机进入数字设备时代。当很多航空摄影仍然使用胶片开展工作时，“奖状”遥感飞机率先搭载了ADS40全数字航空相机执行任务，随后又不断升级为ADS80、UCXp新型数字相机。这几类相机可以获取多光谱影像，开展全数字航空摄影技术的应用示范，以更高的效率执行各类试验任务。

数字航空相机又称数字航摄仪，其工作原理是利用感光器件将镜头所成影像的光信号转化成电信号，再把这种电信号转化成计算机可以识别的“数字信号”记录下来，最后转化成影像。数字航空相机的诞生和应用是航空摄影测量划时代的进步。

“奖状”遥感飞机航空相机的胶片柜

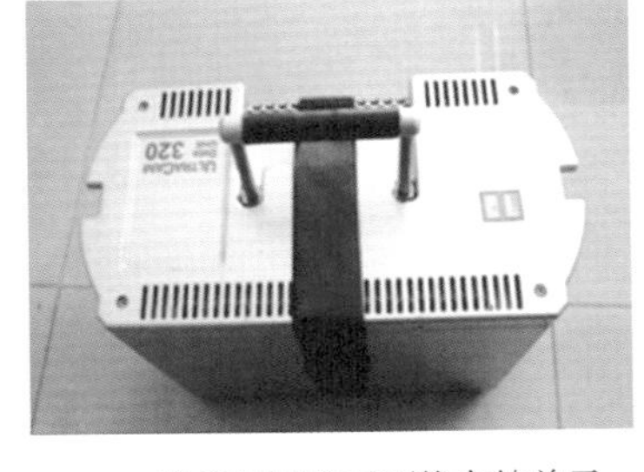

UCXp数字相机的可更换存储单元

图10-11

胶片相机时代，一个架次的航摄任务往往需要带很多胶卷，这些胶卷要十分细心地保管与运输，还要万分小心地冲洗与储存，任务中还需要随时关注胶卷的使用情况。UCXp数字相机的存储器一次能装4.2TB的照片数据，足够满足遥感飞机一个架次拍摄所需。

装载数字航空相机后，在飞机上就能实时监控拍摄图像效果，这对于一些对时间要求高的任务（比如抢险救援）意义重大。同时，在飞机上搭载处理设备就能同步完成一定精度的数据处理工作。数字航空相机及其处理系统，使航空摄影测量整个工作流程风险小了、工作量少了、成本低了、效率高了、应用效果更好了。

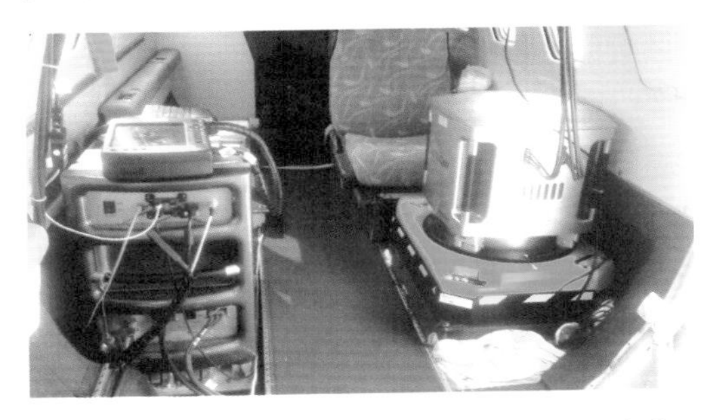

图10-12 “奖状”遥感飞机搭载UCXp相机执行任务

图10-13 “奖状”遥感飞机搭载ADS80相机执行任务

数字航空相机分为框幅式和线阵式两类。框幅式相机每曝光一次，能取得一幅影像，大家日常使用的数码相机都是框幅式的。线阵式相机则是获得一条影像“线”（影像宽度有限），然后将这一条条的“线”按照一定规则校正后组合起来形成一幅影像。“桨状”遥感飞机配备的UCXp相机是框幅式的，配备的ADS 80则是线阵式的。

图10-14 “桨状”遥感飞机搭载UCXp获取北京奥运会鸟巢和水立方影像图

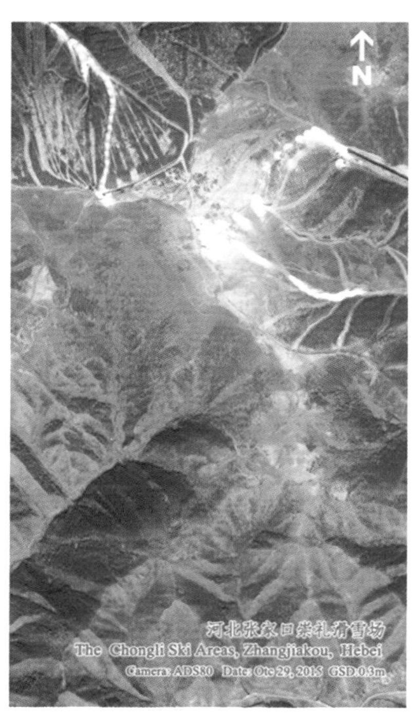

图10-15 “桨状”遥感飞机搭载ADS80获取河北张家口崇礼冬奥会滑雪场影像图

（2）成像光谱仪

成像光谱仪是获取高光谱数据的主要设备，也是开展各种定量化遥感应用的关键设备，在农业生产、矿产勘探、水环境监测、大气质量监测、军事目标检测等诸多方面都有不可替代的作用。由于国外在高性能成像光谱仪设备及其核心部件方面对我国执行限制出售政策，我国投入了大量人力物力自行研制。B4101作为机载成像光谱仪的试验飞机，见证了我国组件化机载成像光谱仪MAIS等的研制与应用。

图10-16 MAIS热红外成像光谱仪安装在B4101机尾的非密封舱内

1990年，中国第一代组件化机载成像光谱仪MAIS原理性试验样机研制成功，并由B4101搭载进行了航空试验。该设备总计有71个光谱波段：在可见光/近红外有32个波段，光谱范围0.44～1.08微米；在短波红外有32个波段，光谱范围1.5～2.5微米；在热红外有7个波段，光谱范围8.0～11.6微米。“奖状”遥感飞机搭载这套设备，在江西鄱阳湖生态环境和新疆石油气地质遥感调查中开展了高光谱飞行，其成果在国际上有一定的影响力。

1990年9—10月，应澳大利亚北部省工业发展局和能源矿产局的邀请，中科院科研人员携带MAIS成像光谱仪，搭乘B4101飞赴澳大利亚北部领地的达尔文市，开展成像光谱遥感飞行、影像处理、信息提取和分析应用的合作研究。B4101搭载着MAIS先后在地质找矿、油气勘查、海洋及海岸带、城市环境、生态环境等应用领域获取了一大批高质量的高光谱数据，取得了一系列重要成果，受到了澳大利亚官方和科技人员的高度评价，也在国际上产生了极大的反响。澳大利亚《北领地日报》两次大篇幅报道此次合作成果，其中一篇报道称：“(中国）高技术赢得达尔文（High-tech win for Darwin)”。本次合作研究开创了我国遥感技术走出国门，开展国际合作的先例。

图10-17 “奖状”遥感飞机搭载MAIS在澳大利亚达尔文市开展了达尔文城市环境高光谱遥感监测

通过这次飞行，发现并找到了达尔文市的空调冷气泄漏造成的冷源点。

（3）三维激光扫描系统

ALS70是瑞士徕卡公司生产的机载三维激光扫描系统，它主动向地面发射激光信号，然后通过遥感器（激光扫描仪）接收地面目标反射回来的脉冲激光，从而探测目标距离、坡度、粗糙度和反射信息。与航空相机拍摄的二维空间纹理信息不同，它获取的数据本身就是目标的三维坐标信息，由于三维点很密集，因此也叫三维点云数据。

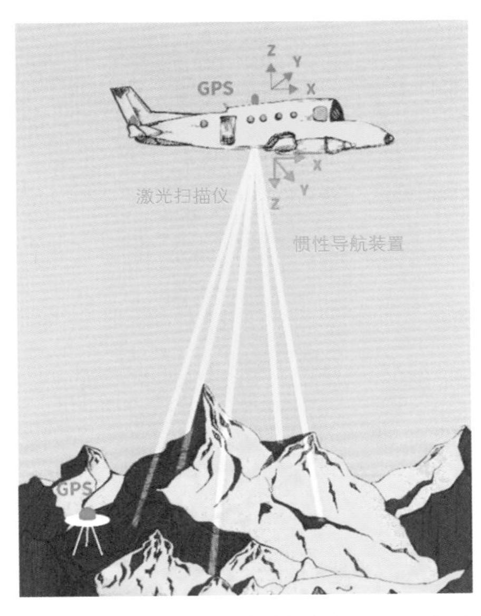

图10-18 三维激光扫描系统工作示意图

三维激光扫描系统的数据产品具有高程精度高、制图速度快的特点，主要用于获取地面目标精确的数字地面模型（DTM）数据和等高线图，配合地面影像信息还可生成正射影像图等。它们在农业、水利电力设计、公路铁路设计、国土资源调查、交通旅游与气象环境调查、城市规划等国民经济建设各大领域中得到广泛应用。

图10-19 搭载ALS70的“奖状”遥感飞机获取河北某地三维点云数据

该数据通过彩色渲染方法，使不同高度的地物呈现不同颜色。蓝色的是地势比较低的区域，其上田块、湖泊、道路都有分布，上面的小蓝点是这个区域内沿湖架设的风力发电机。

(4)合成孔径雷达(SAR)

除上述设备外，科研人员还研制了很多其他设备，比如国家863计划支持的“高效能航空SAR遥感应用系统”。这是我国自主研发的一套包括SAR系统参数检校、干涉数据处理、区域网平差、数字正射影像图(DOM)、数字高程模型产品生成等功能模块的机载SAR测图处理系统。

该设备可用于获取地物的几何和极化信息，具有全天时全天候的高分辨率雷达图像数据、数字表面模型、全极化雷达图像数据、极化干涉雷达图像数据的获取能力，以及运动目标检测能力。利用这些图像数据，可以精确地反演目标的位置信息，其数据产品应用也相当广泛：为地质构造与活动、生态环境及资源调

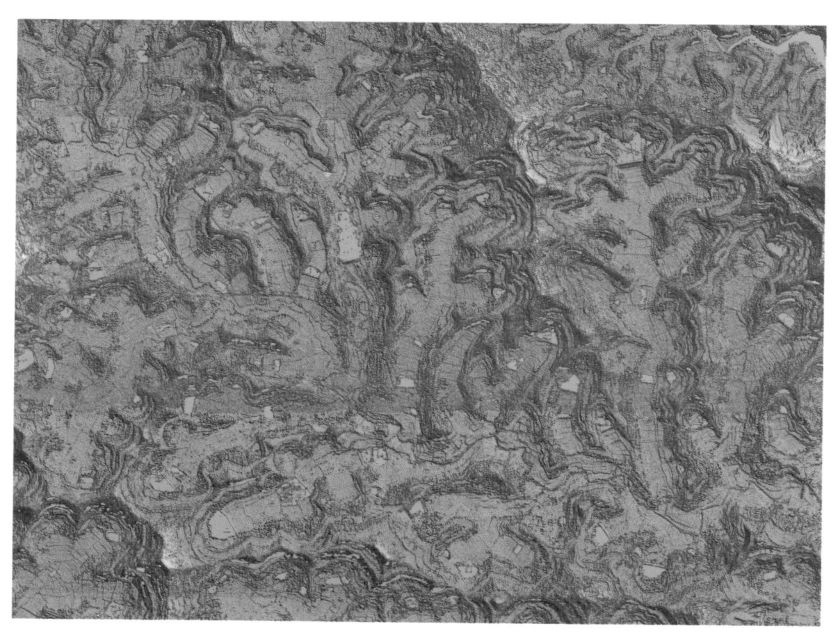

图10-20 “奖状”遥感飞机搭载我国自行研制的机载SAR系统获取的四川江油市的数字高程模型产品

不同颜色代表不同的地面高度，从蓝色至红色，高度逐渐增加。

查、冰川冻土、积雪环境、极区海冰等研究提供微波数据支持；为雷达遥感应用基础研究，提供自主获取的观测数据支撑；为诸多雷达遥感应用部门，如测绘、地质、水文、气象、农林业、减灾等行业部门，提供微波数据支持。

4 航空遥感的“中国梦”

航空遥感系统是国家对地观测体系的重要组成部分，它与航天遥感系统共同构成国家对地观测体系的两大支柱，世界各国都非常重视它的建设与发展。

图 10-21 在暴雨到来前，B4102 发动机已经开车，接到塔台起飞命令，迎着漫天飞雨，奔赴试验场区

“奖状”遥感飞机自 1986 年进入中国后，一直奋战在科研、工程第一线，目前仍是国内首屈一指的民用航空遥感飞行平台。但是，为了面对未来更高的对地观测和航空科学试验要求，航空飞机急需进一步更新换代，建设新的“航空遥感系统”，追赶世界一

流水平，服务一流科学研究和工程建设。这个系统拥有性能更好、承载更大、航程更长的飞行平台；拥有更多、更丰富的遥感器。飞行过程中工作人员能在飞行平台上直接进行数据处理和仪器调试，讨论问题，随时调整试验方案。这个系统不仅能应用于包含遥感在内的地学科学研究，还能够满足更多、更综合的航空试验研究。这是中国航空遥感的“中国梦”。

2007年8月，国家发改委正式批复建设国家重大科技基础设施“航空遥感系统”，这是一套包含两架改装后的飞机平台、由多种高性能遥感设备综合集成的先进航空遥感系统。经历了科学论证和严格评审后，2010年1月28日，“航空遥感系统”开工典礼在北京举行，标志着我国新时期的“航空遥感系统”建设拉开序幕。新的“航空遥感系统”由中国科学院电子学研究所负责建设，中国科学院航空遥感中心负责运行。

新的“航空遥感系统”是一个综合的大型科学试验设施，以变化的陆地、大气、海洋等为探测对象，综合集成多类遥感设备，为地球系统科学研究提供综合观测数据，广泛应用于农业、林业、国土资源、生态环境、灾害监测、地图测绘、边境勘察等领域。“航空遥感系统”也是发展遥感信息科学与相关技术的试验平台，很多空间信息设备可在该平台上开展试验。“航空遥感系统”也是高分重大专项的组成部分。

新的“航空遥感系统”包括遥感飞行平台、遥感信息获取系统和数据处理与管理系统三部分。除个别遥感器（航空相机和三维激光雷达）外，主要遥感器都由我国自主开发研制。

航空遥感信息获取系统包括高空间分辨率线阵数字航空相机、高空间分辨率面阵数字航空相机、多模态数字相机、宽谱段成像光谱仪、推帚式高光谱成像仪、三维激光雷达、高分辨率极化干涉合成孔径雷达、多波段全极化合成孔径雷达、全极化微波辐射/散射计、环境大气成分探测系统等10余种。这些新型高性能

图10-22 经过改装后的新舟60遥感飞机

遥感器综合集成，可实现可见光、红外、微波全谱段及高空间、高光谱分辨率等多种成像模式的同步数据获取。

航空遥感数据综合处理与管理系统能够处理并管理航空遥感系统中不同航空遥感设备所获取的各类遥感影像数据，它的主要任务包括航空遥感数据的归档管理、标准图像产品处理、面向重点领域的应用处理、各级产品数据的分发。该系统具有两个显著特点：一是涉及数据量庞大；二是具备较高的数据运算处理能力，日数据处理设计能力为10TB。

2017年11月，新系统采用的国产新舟60支线飞机建造完毕，进入改装适航阶段，其他设备陆续研制成功。2018年12月29日，首架新舟遥感飞机正式交付，新的航空遥感系统投入国家对地观测事业指日可待。

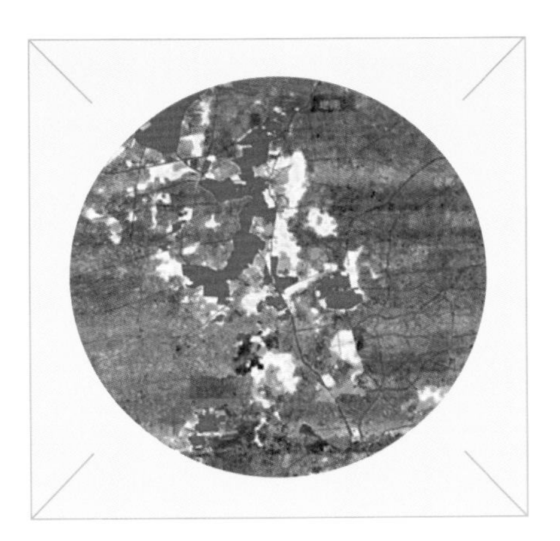

“奖状”遥感飞机运行30多年来，服务领域包括农业、林业、城市、矿产、油气、环境、海洋、灾害、交通、测绘、国防等，在满足国家重大需求，开展重大自然灾害监测、综合科学实验、遥感设备技术进步和国家安全等方面发挥了重要的作用。一篇关于“奖状”遥感飞机的报道《应该被授予奖状的“奖状”飞机》，忆及30余年历程，授予“奖状”遥感飞机奖状，当之无愧。

1996年，“奖状”遥感飞机获取的新疆于田地区航空影像。

1 应急监测的空中哨兵

“奖状”遥感飞机自首次试飞以来，不管是长江特大洪涝灾害时，还是2008年汶川地震、2010年玉树地震时，总是冲在抢险救灾的第一线，为防灾救灾搜集了大量第一手资料。

1986年，“奖状”遥感飞机首次对东辽河进行洪水监测，此后每年汛期都为洪水应急监测做好充分的技术准备，为及时抗洪抢险、灾后重建家园提供科学决策依据。

1998年，我国长江流域发生百年不遇的特大洪水，“奖状”遥感飞机率先启动，对受灾最严重的湖南、江西等省进行遥感监测，在抗洪抢险中发挥了重大作用。

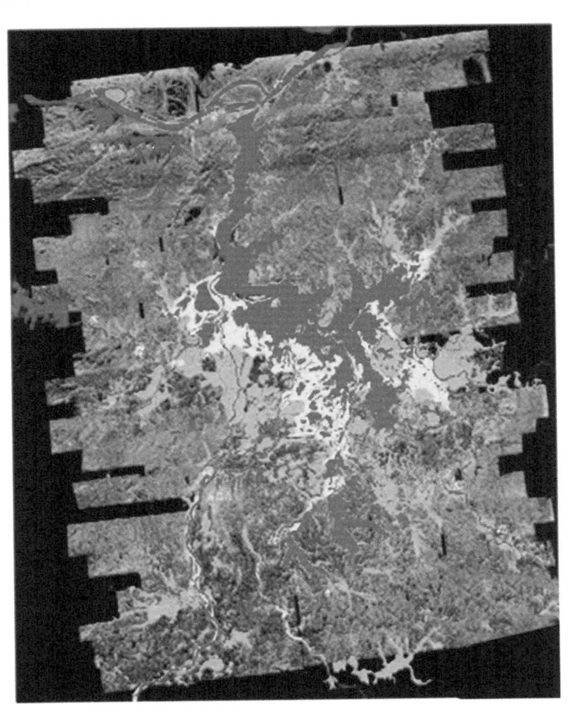

图11-1 1998年长江流域特大洪水期间，利用“奖状”遥感飞机拍摄的影像完成的鄱阳湖地区洪涝淹没分布图

2003年，淮河流域发生特大洪水。“奖状”遥感飞机紧急出动飞赴淮河流域，监测灾情。多位党和国家领导人作出重要批示。

2008年5月12日汶川地震发生后，从5月14日首次飞行到6月8日完成最后一架次飞行，两架“奖状”遥感飞机紧急开展灾

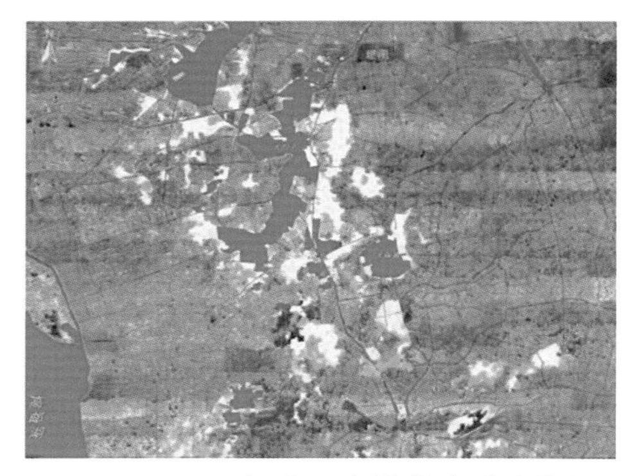

图 11-2　2003 年淮河流域特大洪水期间，利用遥感飞机拍摄的影像完成的江苏省里下河地区洪涝淹没土地类型图

图 11-3　从航空遥感图像分析发现，位于东经 103°5′58.18″、北纬 31°5′36.27″（汶川县草坡乡）一个屋顶上的 SOS700 红色标记

图 11-4　紫坪铺水库震后机载 SAR 遥感解译图（2008 年 5 月 16 日，微波“奖状”遥感飞机获取）

情监测，共飞行40多架次，累计飞行227小时，达到灾区的全范围、高频次覆盖。依托震区高分辨率数据，科研人员向国家上报百余期报告，并向十几个国家的部委实施数据共享。其中，遥感影像显示草坡乡一楼顶上“SOS700”红色标记的故事脍炙人口，这幅航空遥感影像使得当地民众及时得到救援。事后发现，由于山体严重滑坡、道路通信中断，草坡乡无法得到救援。

围绕灾后重建和灾区生态监测研究，“奖状”遥感飞机于2008—2013 年连续 5 年开展汶川灾区遥感监测，获得大量航空遥感数据及配套地面实测数据，为生态环境变化与恢复评估、灾后重建等提供了丰富的科学数据。从震中映秀镇的连续对比，可反映灾后重建工作取得了重大成效。移建新址基础设施已显著改善，城镇建设布局更加合理，震后新城建设与发展日新月异。

2010 年 4 月 14 日玉树地震发生后，“奖状”遥感飞机第一

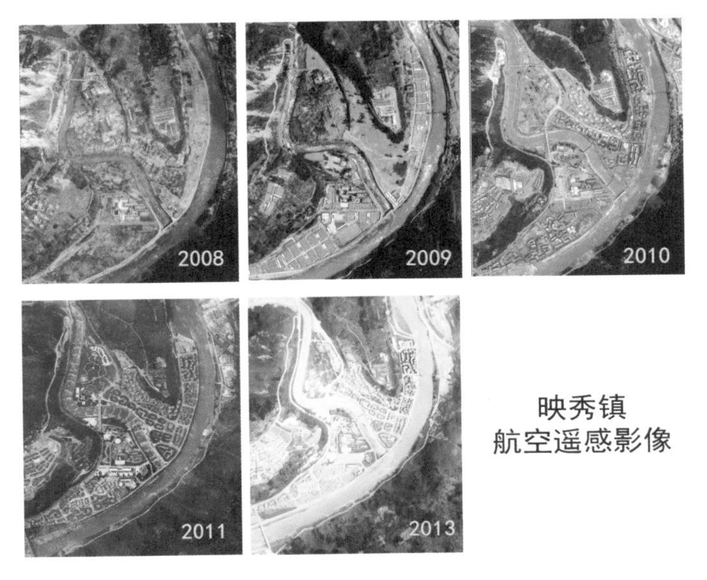

图11-5 灾后重建和灾区生态监测图

时间奔赴灾区，在地震发生后不到24小时，地震监测遥感影像就上传到相关部门，在抗震救灾中起到重要作用。

图11-6 利用航空遥感影像制作的震区三维影像图（基于“奖状”遥感飞机获取的数据制作）

图11-7 四川芦山县震后航空影像图

2013年4月20日8时2分，四川省雅安市芦山县发生里氏7.0级地震。地震发生108分钟后，“奖状”遥感飞机携带光学遥感器从绵阳机场起飞，奔赴灾区。当日13时40分，获取了覆盖主要震区的0.6米高分辨率影像数据。16时，根据从四川传回到北京的第一批航空遥感数据，中科院的相关科研人员作出对芦山县、宝兴县和邛崃市的灾情监测初步结果，同时把数据分发至14个部委35家单位，为雅安地震应急救援提供重要的科技保障。这也是两架遥感飞机在重大灾害发生后应急反应能力的历史最好水平。

灾难关头，“奖状”遥感飞机临危受命，以直接、快捷、全面的方式了解灾情，减少救灾的死角，提高救灾的效率。灾区恶劣、多变的天气是它们需要面对的最大问题。在2008年汶川地震遥感监测飞行时，震后连日降雨，飞机上搭载的微波遥感器发挥了巨大作用。当阴云翻滚、阴雨连绵时，我们的遥感飞机就这样穿云破雾，紧密寻找地面每一个目标。正所谓“不畏浮云遮望眼，只缘身在最高层”。

2 资源探测的空中锐器

“奖状”遥感飞机在我国资源探测诸多领域发挥了重要的作用。

1987年年底，“奖状”遥感飞机承担了一项艰巨而光荣的任务：配合中国、日本、尼泊尔三国联合登山队攀登珠穆朗玛峰，协助专家组对珠穆朗玛峰及其周边地区气象、环境进行实地遥感探测。

图11-8 “奖状”遥感飞机飞越青藏高原山区

珠穆朗玛峰周围高峰林立，气候恶劣，是世界航空界公认的“飞行禁区”。第一次执行探测任务，当飞机爬坡时，穿山风以180千米/时的速度裹着积雪、冰块呼啸而来，涡流使飞机剧烈颠簸。飞机穿行在山间，稍有不慎就可能撞上山峰。这对于1986年才实施首飞的“奖状”遥感飞机来说是一次极大的挑战。

我们的飞机是了不起的飞机，我们的飞行员同样伟大。他们冒着生命危险，以卓越的技术水平，紧贴珠穆朗玛峰盘旋飞行20余次，航拍大量图片资料，为人类科学考察珠穆朗玛峰立下汗马功劳，这次飞行被国际新闻界誉为“珠穆朗玛第一飞”。

此后，“奖状”遥感飞机先后8次进入西藏高原飞行作业，完成了珠穆朗玛峰、唐古拉山地区、雅鲁藏布江流域、拉萨河流域、年楚河流域及拉萨市等航空遥感飞行，为全球变化研究积累了大批宝贵的科学数据。2005年，国家组织重新测量珠穆朗玛峰高度的项目就采用了“奖状”遥感飞机获取的珠穆朗玛峰遥感资料。

图11-9 珠穆朗玛峰北侧——不一样的珠峰（“奖状”遥感飞机，1988年6月）

遥感飞机跨越高山，也同样穿越戈壁。装载成像光谱仪和光学航空相机的“奖状”遥感飞机，曾多次在新疆的戈壁、沙漠无人区等进行大范围金矿、多金属矿、油气资源调查和公路选线等航空遥感应用试验。其中包括被称为“死亡之

图11-10 陕西黄帝陵遥感图像

图11-11 “奖状”遥感飞机对北京奥运地区进行环境遥感监测，此为规划中的奥运公园中心区航拍图

海”的塔克拉玛干沙漠。在无备降机场、无指挥塔台、无飞行资料的条件下，“奖状”遥感飞机先后11次飞向沙漠深处，传回了一组组宝贵的数据和图片，为开发塔里木石油天然气资源、修建塔中公路做出了重大贡献。

还有另外一个需要突破的禁区——到东北地区进行砂金矿遥感探测和原始林区调查任务。原始林区气候特殊，终年云雾笼罩。在这样恶劣的情况下，“奖状”遥感飞机11次飞往东北，完成了3项国家攻关任务、10余项遥感任务，发现多处重要矿藏。

“奖状”遥感飞机还承担了黄土高原、“三北”防护林、遥感考古、火山监测、城市规划等各类大中型遥感应用工程项目的遥感飞行，为国土资源调查及基础测绘等提供了大批高质量、急需的航空遥感数据。其中，连续8年对北京奥运地区进行了环境遥感监测飞行，为奥运场馆的规划建设及区域内环境保护提供了重要的科学依据。

3 遥感实验的空中摇篮

1978年年底，腾冲遥感试验启动。这是中国遥感的开拓项目。20年后，“奖状”遥感飞机进行了新一轮的“腾冲航空遥感综合实验”，系统地总结了我国航空遥感20年（1979—1999年）取得的成果，树立了我国遥感发展史上又一个里程碑。

新一轮“腾冲遥感试验”所总结的不仅仅是我国航空遥感发展的成果，也见证了“奖状”遥感飞机长期以来在服务我国遥感器等战略高技术发展、推进遥感设备技术创新等方面做出的积极贡献。

遥感器是遥感系统的核心技术装备。“奖状”遥感飞机通过各类航空遥感试验，不断改进遥感仪器的性能指标，在推动遥感设备的技术进步方面发挥了不可替代的作用。“八五”计划至今，结合中科院重大项目、国家科技攻关计划，遥感飞机已开展数百次的航天、航空遥感器性能和校飞试验，包括中巴资源卫星CCD相机、神舟飞船的卷云探测器等重要星载遥感器等。这些经过在“奖状”遥感飞机上校飞的仪器，性能指标不断改进，卫星上运行的可靠性得到了大幅提高。“奖状”遥感飞机已经成为我国开展遥感设备的自主研发、突破技术壁垒的空中实验室。

多年来，“奖状”遥感飞机还为航空航天遥感器论证与设计、遥感器技术改进与完善、遥感数据定标与真实性验证、遥感应用技术试验等提供了重要技术支持和保障。例如，以成像光谱仪和合成孔径雷达系统等为主体的遥感仪器经过在遥感飞机上进行的数百次试验，技术上得到快速发展。成像光谱仪已从过去的几个波段提高到目前的数百个波段；合成孔径雷达系统则从单极化发展到多极化，分辨率从数十米提高到米级亚米级，实现了技术上的突破性进展。这两项遥感器的技术性能已接近国际先进水平，并以成套技术方式成功出口到马来西亚。

基于“奖状”遥感飞机，配合国家科技攻关、“863”“973”等大型科学计划，我国科学家开展了大量的综合应用实验，如青藏高原星机地综合实验、环渤海星机地遥感综合实验等，获取了大量陆地、海洋等科学数据，为相关遥感技术及应用的创新发展奠定了基础。

图11-12 2010年“奖状”遥感飞机拍摄的新疆慕士塔格峰（海拔7546米）

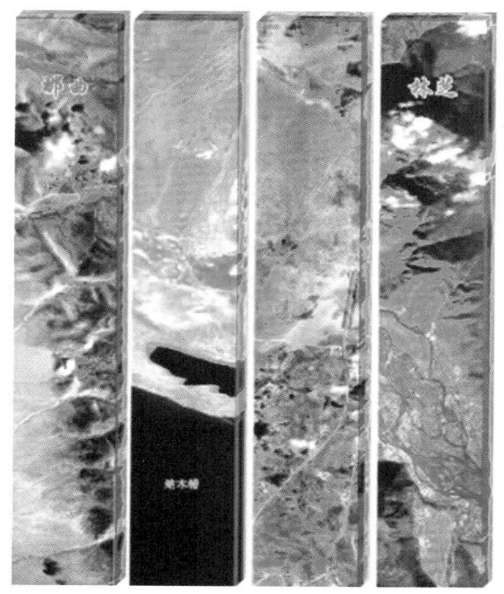

图11-13 那曲林芝高光谱影像图

例如，配合国家“863”计划，在山东地区完成了“遥感应用示范工程总体技术研究”航空遥感综合飞行实验，成功地开展了干涉雷达的应用实验飞行，首次获取大面积的三维雷达图像；搭载多种遥感器，参加“973”计划国家重点基础研究发展计划项目“空间观测全球变化敏感因子的机理与方法”，对长江源、环渤海以及西昆仑区域开展科学试验，这些试验数据为建立我国特有的全球变化遥感监测系统奠定了基础；在遥感实验场建设阶段，“奖状”遥感飞机搭载国内最先进的光学和微波遥感器在实验场成功开展了多次飞行实验，并结合“863”计划、航天论证、航空遥感系统建设等项目，在遥感实验场进行长期的航空遥感实验，全方位地为遥感基础研究和遥感技术发展提供实验支持。

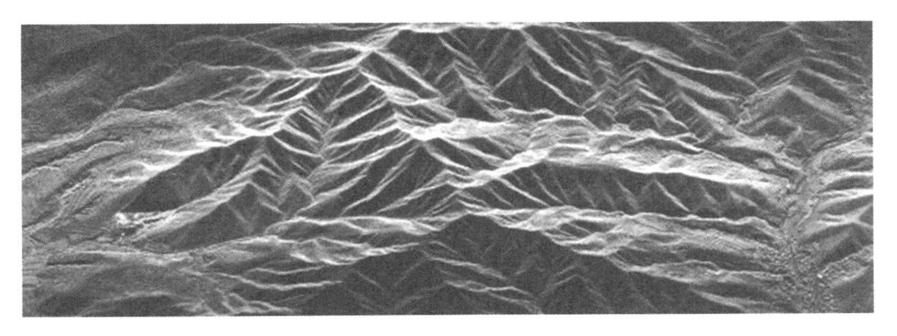

图 11–14 “奖状”遥感飞机获取的泰山三维雷达图像

中国遥感卫星地面站大事记

1978年　中国科学院向国家有关部门递交申请引进地球资源卫星地面站的报告。原国家计划委员会、国家科学技术委员会及中央领导批准引进并建设中国的遥感卫星地面站。

1979年　签订《中美科技合作协定》，其中包括中国拟引进美国卫星地面站设备。

1980年　中国科学院严济慈副院长与美国宇航局弗罗歇局长在北京签订关于陆地卫星地面站的《谅解备忘录》。

1982年　从美国系统和应用科学公司正式引进陆地卫星地面站技术。

1986年　中国科学院中国遥感卫星地面站建成并投入运行，邓小平同志亲笔题写站名“中国遥感卫星地面站”。

1987年　地面站利用Landsat-5卫星数据开展大兴安岭特大森林火灾遥感监测，对扑火救灾的指挥决策起到重要作用，被中央森林防火总指挥部授予“大兴安岭扑火救灾先进集体”称号。

1991年 “遥感卫星地面站的建立与系统功能发展”项目获国家科技进步三等奖。

1993年 开始接收和处理欧洲太空局ERS-1和日本JERS-1卫星合成孔径雷达（SAR）数据。“SPOT数据预处理系统技术”项目获中国科学院科技进步一等奖。

1997年 开始接收和处理加拿大RADATSAT系列卫星多模式、全极化、高空间分辨率的数据。

1999年 成功接收我国第一颗遥感卫星——中巴地球资源卫星一号卫星数据。

2002年 开始接收和处理具有2.5米较高分辨率、观测模式灵活的法国SPOT-5卫星数据。

2004年 地面站“卫星遥感数据存档介质转换与处理系统”项目获2003年度国家科技进步二等奖。

2007年 负责承担的陆地观测卫星数据全国接收站网建设项目由国家发展改革委员会正式批复启动。

2008年 喀什卫星接收站建成并投入运行。

2010年 三亚卫星接收站建成并投入运行。

2012年 开始接收我国第一颗自主的民用高分辨率立体测绘卫星——“资源三号”卫星数据。

2013—2014年 相继承担我国高分一号卫星、高分二号卫星接收任务。高分二号卫星空间分辨率达到0.8米，是我国目前分辨率最高的民用光学遥感卫星。

2014—2017年 地面站连续四年获中国科学院重大科技基础设施综合运行一等奖、二等奖。

2015年 开始接收空间分辨率达到0.5米的法国Pleiades卫星数据，是地面站接收的分辨率最高的卫星数据。

2015—2017年 开始承担我国暗物质粒子探测卫星、实践十号返回式科学实验卫星、量子科学实验卫星、硬X射线调制望远镜卫星等空间科学卫星的接收任务。

2016年 开始接收我国首颗分辨率达到1米的C频段多极化合成孔径雷达（SAR）卫星——高分三号卫星数据。

2016年 昆明卫星接收站建成并投入运行。我国首个海外陆地卫星接收站——北极卫星接收站建成并投入运行，地面站从此具备对全球陆地观测卫星数据的接收能力。

2018年 开始承担我国首颗电磁监测试验卫星及我国研制的世界首颗大气和陆地综合高光谱观测卫星——高分五号卫星等多颗卫星的接收任务。

航空遥感飞机大事记

1980年　中国科学院正式向国家有关部门递交申请配备高空遥感飞机的报告。

1984年　原国家计划委员会批准中国科学院引进两架高空遥感飞机。

1985年　中国科学院航空遥感中心成立。

1986年　两架"奖状"高空遥感飞机引进中国并投入运行，在辽宁东辽河进行洪水监测。

1990年　完成新疆塔克拉玛干沙漠腹地的油气勘探科研飞行试验；远赴澳大利亚开展国际合作，为中国遥感赢得国际赞誉。

1993年　依托"奖状"遥感飞机建立的高空机载遥感实用系统获得中国科学院科技进步特等奖。

1994年　成为中国科学院8项大科学装置之一。

1998年　参加长江流域特大洪水灾害监测，提供大量灾情信息，发挥了重要作用。

2001年 开始北京中关村科学园区、奥运场馆区连续航空遥感动态监测。

2003年 “奖状”遥感飞机配备的航空相机完成升级改造，相机技术性能指标达到国际先进水平。

2004年 配备定位定向系统和卫星导航设备，构成当时国内最先进的航空摄影测量技术体系。

2005年 搭载科研人员执行珠穆朗玛峰测高任务；完成光学飞机红外窗口改造，是国内唯一可安装红外传感器的高空飞机。

2008年 参加汶川地震应急监测任务，获取了震区高分辨率数据，发现堰塞湖、SOS救援标志等重要灾情，为救援提供了决策依据，荣获“中国科学院重大科技基础设施综合运行奖”。

2010年 完成玉树地震灾区遥感动态连续监测和汶川地震二周年灾区环境变化以及灾后重建工作的遥感监测任务。

2013年 两架“奖状”飞机大修后经测试性能指标一切正常，继续运行。

2017年 “奖状”遥感飞机再次荣获“中国科学院重大科技基础设施综合运行奖”。

2018年 国家航空遥感系统首架新舟60遥感飞机正式交付。

图书在版编目（CIP）数据

从天空看地球 ： 对地观测大装置 / 张兵主编. --
杭州 ： 浙江教育出版社，2018.12
中国大科学装置出版工程
ISBN 978-7-5536-8381-2

Ⅰ. ①从… Ⅱ. ①张… Ⅲ. ①地球观测一天文仪器一
研究 Ⅳ. ①P183

中国版本图书馆CIP数据核字(2018)第298569号

策　　划　周　俊　莫晓虹
责任编辑　卢　宁　　　　　　责任校对　杜功元
美术编辑　韩　波　　　　　　责任印务　陆　江

中国大科学装置出版工程
从天空看地球——对地观测大装置
ZHONGGUO DAKEXUE ZHUANGZHI CHUBAN GONGCHENG
CONG TIANKONG KAN DIQIU——DUIDI GUANCE DA ZHUANGZHI

张　兵　主　编

出版发行　浙江教育出版社
　　　　　（杭州市天目山路40号　邮编:310013）
图文制作　杭州兴邦电子印务有限公司
印　　刷　杭州富春印务有限公司
开　　本　710mm×1000mm　1/16
印　　张　12.25
插　　页　2
字　　数　245 000
版　　次　2018年12月第1版
印　　次　2018年12月第1次印刷
标准书号　ISBN 978-7-5536-8381-2
定　　价　38.00元

网址:www.zjeph.com

如发现印、装质量问题,请与承印厂联系。联系电话:0571-64362059